U0382469
疯狂科学3
第二版
HOW TO BUILD A HOVERCRAFT
[美]史蒂芬·沃尔特兹(Stephen Voltz)著
[美]弗里茨·戈洛布(Fritz Grobe)
俞建峰 译

人 民 邮 电 出 版 社

北 京

图书在版编目（CIP）数据

疯狂科学. 3 / (美) 史蒂芬·沃尔特兹
(Stephen Voltz) , (美) 弗里茨·戈洛布
(Fritz Grobe) 著 ; 俞建峰译. -- 2版. -- 北京 : 人
民邮电出版社, 2020.1（2024.6 重印）
ISBN 978-7-115-50020-5

Ⅰ. ①疯… Ⅱ. ①史… ②弗… ③俞… Ⅲ. ①科学实
验—普及读物 Ⅳ. ①N33-49

中国版本图书馆CIP数据核字(2019)第230976号

◆ 著　　[美]史蒂芬·沃尔特兹（Stephen Voltz）
　　　　[美]弗里茨·戈洛布（Fritz Grobe）
译　　俞建峰
责任编辑　王朝辉
责任印制　陈　犇

◆ 人民邮电出版社出版发行　北京市丰台区成寿寺路 11 号
邮编　100164　电子邮件　315@ptpress.com.cn
网址　http://www.ptpress.com.cn
雅迪云印（天津）科技有限公司印刷

◆ 开本：889×1194　1/24
印张：8　　2020 年 1 月第 2 版
字数：222 千字　　2024 年 6 月天津第 7 次印刷

著作权合同登记号　图字：01-2014-3346 号

定价：68.00 元

读者服务热线：(010)81055410　印装质量热线：(010)81055316
反盗版热线：(010)81055315
广告经营许可证：京东市监广登字 20170147 号

疯狂科学3（第二版）

内容提要

悬浮！燃烧！磁性！科学使我们制造出了一些很酷的东西，更酷的是，你也能在自己的家里成功地完成一些超棒的科学实验。你可以使用一些普通的家庭用品，按照本书中介绍的操作过程，跟这两个疯狂的家伙一起，面对观众完成这些炫酷的科学表演。

本书分 3 个层次，由浅入深地介绍了 20 多个超酷的科学 DIY 实验。每个实验均列举了制作材料，并展示了制作过程及结果，且每个实验都有详细的科学解释及科学原理分析。相信本书一定会激发你对科学的兴趣，并将你从业余级带到专业级水平。

另外，完全不必担心，你一定可以独立完成这些实验。掌握足够的技能后，你还能设计改进这些实验或开发新的实验。如果你对这些超酷的东西及其背后的科学原理开始感兴趣了，那么没有什么能够阻挡你建立自己的科学实验室，把你周围的家庭用品转化成令人惊奇的科学作品吧！

声　明

目录

引言：有史以来最酷的科学实验
——你能在家中实现 006

Ⅰ级 快速与惊奇
第1章 跟随的头像和监控摄像头 010
第2章 不断扩大的大脑错觉 020
第3章 针穿气球 028
第4章 自我压扁的金属罐 034
第5章 象牙火山 040
第6章 摩擦力与惯性的较量 044
第7章 永远飞行的纸飞机 056
第8章 蜘蛛网错觉 062

Ⅱ级 提升一个等级
第9章 可乐曼妥思喷泉 070
第10章 火圈 084
第11章 磁性电动机驱动的风铃 092
第12章 空气涡流枪和空气涡流炮 100
第13章 便利贴型瀑布和楼梯 112
第14章 神枪手发射器和神枪手中队发射器 122

Ⅲ级 做点大工程
第15章 鼓风机气垫船及类似的气垫船 138
第16章 钟摆式造波机 150
第17章 可乐曼妥思驱动的小型火箭车 160
第18章 射击猴子 168
第19章 机械水木琴 180

致谢 191

引言

有史以来最酷的科学实验——你能在家中实现

当一位朋友第一次告诉我们把曼妥思丢进可乐中所发生的现象时，我们立即开始了实验。我们把可乐瓶放在户外，向里面扔进一些曼妥思，之后我们就被所发生的现象震惊和鼓舞了。

第二天晚上，我们在《早夜秀》节目上把10瓶可乐和一些曼妥思放在一起表演，随后在美国缅因州巴克菲尔德的一座大剧院继续表演。观众的反应超乎想象，我们知道未来必须表演得更好。因此，在随后的几个月里，我们利用工作日的晚上和周末的时间不停地做实验，终于用101瓶可乐加曼妥思成功地制造了盛大的喷泉场景。这个视频上传到互联网上后，马上产生了近乎病毒般的传播效果。当写下这段文字时，这个视频已有超过1亿次的点击量了。

制作这个视频激发了我们后续的探索：研究创新性的、最酷的、使用普通的日常生活用品就能完成的科学实验。我们不希望采用任何特别的化学物质和特殊装备，而是希望使用那些每个人都能在自己家里找到的材料，或者从邻近的五金店、办公用品店和杂货店就能购买到的东西。

我们希望实验是有趣的。事实上，我们的最终表演不管是不是一个实验，其娱乐性都足以使其成为巴克菲尔德大剧院杂耍节目的压轴大戏。

在用101瓶可乐加曼妥思进行精彩表演时，我们花费了许多时间来了解发生这种现象的科学原理。我们尝试了所能找到的每一种可乐类型，也试验了商店货架上的每一种曼妥思。我们在互联网上查询信息，以便弄清楚是什么原因使之如此绚烂地爆发。

为什么？我们并不是出于功利目的才学习科学原理的，而只是想知道如何使我们的喷泉喷得更高！但是在我们经历这个过程的时候，奇怪的事情发生了。我们发现理解这些实验的工作原理几乎和开展实验一样有趣，因此在本书中我们尽量解释这些精彩表演背后的科学道理。

我们的书架上有很多书籍，但这些书都仅仅涉及一丁点科学原理，或者是为一堆相当无聊的实验所做出的非常彻底的科学解释。我们希望本书能包括这两类书中好的一面，这就是我们努力写作的方向：把创造超酷表演的乐趣和引发这些现象的科学原理结合起来。毕竟，知道科学原理是更好地开展这些实验的最好方法。这就是让你的喷泉喷得更高的秘密。

好啦，卷起袖子，准备制作一艘你自己的气垫船，启动一辆可乐加曼妥思火箭车，制作激动人心的钢丝棉烟花，把肥皂转变为越来越多的熔岩……

稍等，还有更多

你可以在互联网上查询更多信息，找到更多有用的资源，分享你的点子，观看实验录像，找到你能在家中开展的更多实验。

现在，去干点儿“脏活”吧！

史蒂芬·沃尔特兹

弗里茨·戈洛布

I 级

快速与惊奇

第1章 跟随的头像和监控摄像头

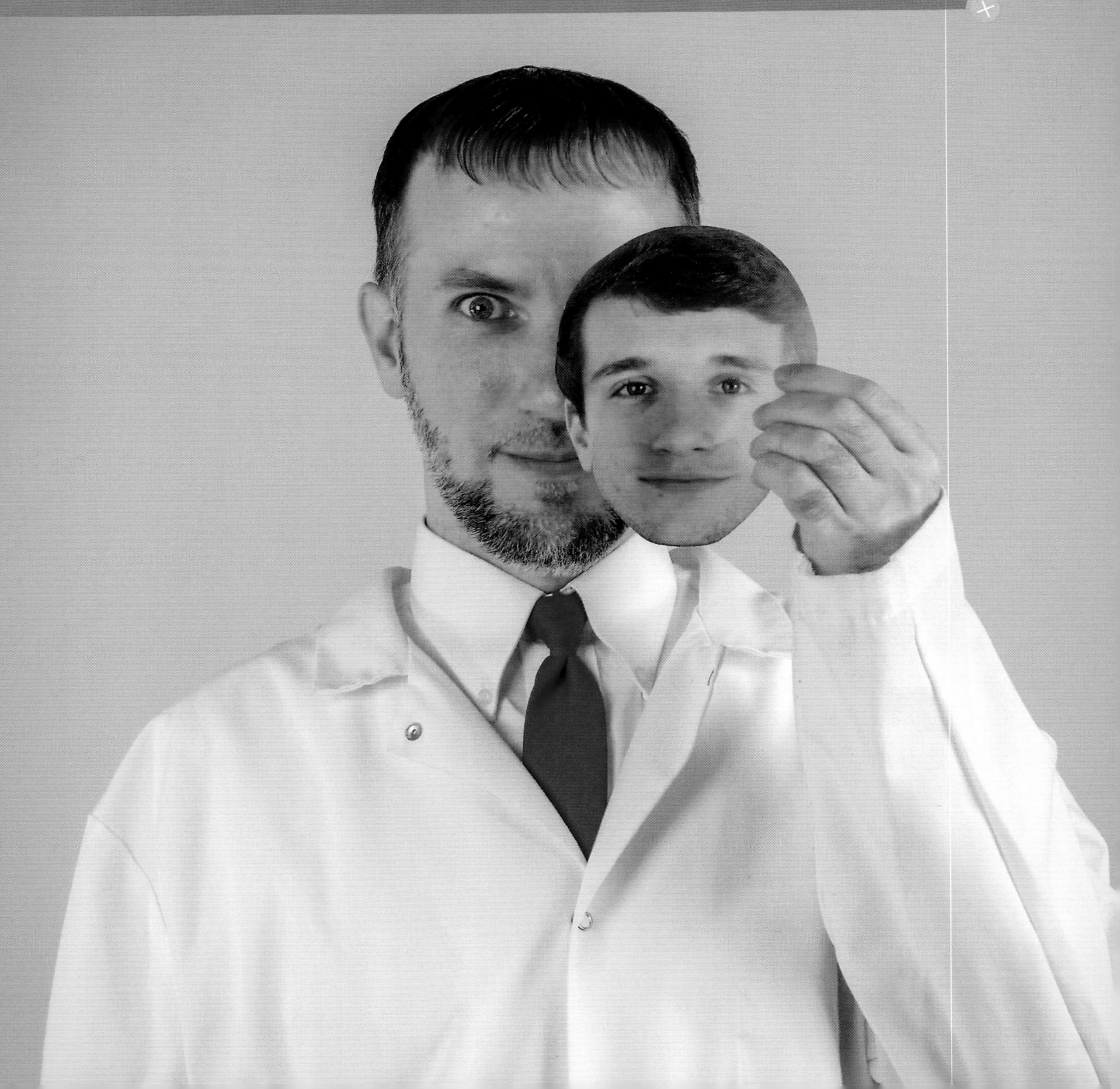

想和你的朋友开个玩笑吗？制作一个真人大小的、逼真的头像，并使其跟随着你在房间里移动。你所要做的就是照张相，然后按照实际尺寸将照片打印出来，再根据正确的方式进行裁剪、折叠、合拢，这时你就能制造出光学错觉，不管你在房间里的哪个位置，头像好像都在注视着你。你也可以制作一个出人意料的、使人印象深刻的纸质“监控摄像头”，它好像在盯着你的一举一动。

工作原理

当看到一张脸时，你的大脑会自然而然地认为这张脸和正常脸一样是凸的（其实是凹的）。同时，令人惊奇的是，无论你站在哪个位置，这张脸都会诱导你的大脑认为它是在注视着你。

你的大脑怎么会产生这样的错觉呢？事实上，你的大脑在不断地解释从你的眼睛里获取的信息，猜测你所看到的事物。那是真实汽车还是玩具汽车？你的大脑检查视觉线索，通过分析当时的环境做出决定。汽车在以多快的速度行驶？车里有人吗？汽车是在路上还是在房间里？通常，对于这类问题，你的大脑不会产生疑惑。只要有一个明显的线索就足以让大脑做出正确的猜测。

凸/凹图像能给我们带来同样的视觉效应。科学家们推测大脑是根据它以往看到的事物来进行猜想的。在现实生活中，大多数物品都是凸的，很少有物品是凹的，因此，你的大脑就会把凹凸不明的图像看作是凸的（除非另外提供一些信息）。

这种假定用于人脸图像时效果更为显著，我们的大脑甚至倾向于“看见”不存在的东西。我们在生活中看到的成千上万张脸都是凸的，所以我们的大脑往往认为所有的脸都是凸的。当你看到一幅中空的面具时，你的大脑会遵循以往的规律，确信它是凸的。这种错觉会带来一些意想不到的乐趣。

实验：跟随的头像

材料

- 216毫米×280毫米的白卡纸或打印纸
- 透明胶带

工具

- 数码相机
- 打印机（最好是彩色打印机，黑白打印机也可以）
- 剪刀

凹与凸

如果你分不清凹凸，不必为此烦恼。一个简单的区分方法就是记住任何凹的东西都可以成为一个“洞穴”或者“碗”：它用向内弯曲的曲线描述物体。相反，凸是指一些物品向外弯曲，就像一座山或一个球。记住英文单词“concave”（凹）包含了形状的一个提示，因为它有“cave”（洞穴）一词在里面。

如何操作

步骤1： 获得一位朋友的帮助。首先，你要拍一张你自己或其他人的数码照片。尽可能在纯白色背景下拍摄，一面白墙作为背景是最合适的。

为了获取清晰的图像且没有明显的或分散的阴影，你应尽可能利用多个光源获取更多的光线，而不能仅仅使用相机的闪光灯。打开房间内所有的灯，甚至要取下灯罩，用散射光来减少阴影，让照片更明亮。

接着，摄影师将相机固定在与拍摄对象眼睛持平的高度，拍摄对象的眼睛要盯着镜头，这是制造错觉的关键。如果你稍稍往旁边看，或者轻微向上或向下看，你得到的头像就不会像你所希望的那样直接望着观察者。拍摄几张照片，可以尝试不同的表情：喜、怒、哀、乐。我们会发现拍摄对象往往显露出一副茫然的表情，接着是一张极其不安的脸。

摄影师调整焦距，使拍摄对象的脸充满整个取景框。按照这种方式拍摄，你打印照片的时候就会发现这张脸将填满整个页面。如果这张脸已经充满了整个取景框，你就不用修剪和调整数字图像了。

注意： 在拍照前把拍摄对象的头发整理得平整些。在步骤3中，你将剪下图像，这时如果发现有突出的或者弯曲的头发，你就很难进行裁剪了。

步骤2： 打印照片，让它占满整张卡片或纸张。当你把从头顶部到下巴下方的区域打印在一张216毫米×280毫米大小的纸上时，你会发现这个头像照片和头的实际大小差不多。如果头有点小，无论如何要想办法让它占满整张纸。在这个实验里，为了制造更棒的效果，我们可以将正常的脸稍微放大一些。

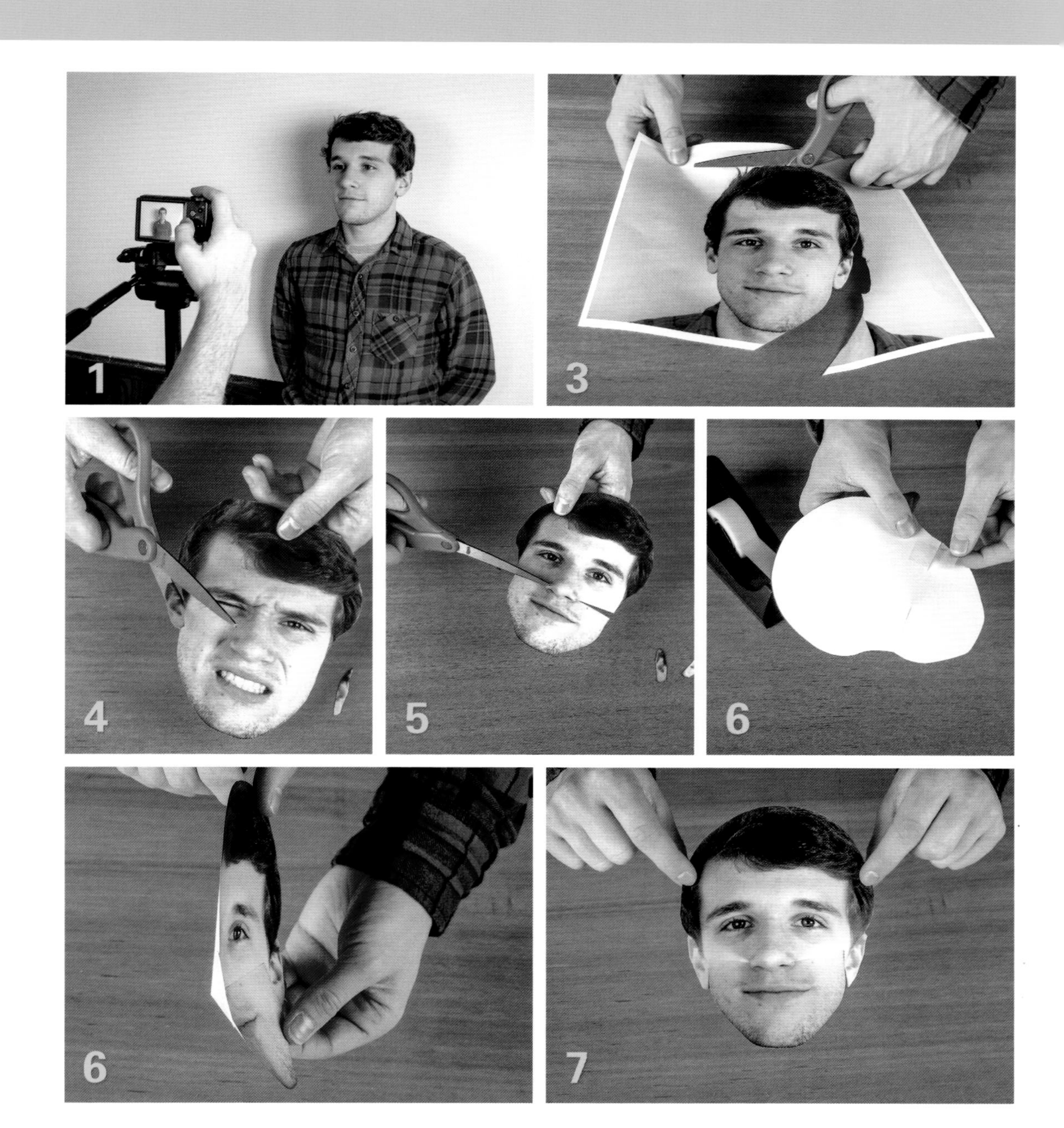
1
3
4
5
6
6
7

如果你将照片打印在白色的硬卡片上，那么这个头像将变得更耐用。即使你用普通的白纸，这个头像也能用，但它容易破损和起皱。

步骤3： 用剪刀小心地剪下图像中的脸部，去除周围的白边。如果原始图像中有脖子和肩部，则必须将其裁剪掉。除了头部，图像上不能留下任何其他部位。

步骤4： 剪下图像上的两只耳朵，先保存好，在步骤7中重新将其粘上。

步骤5： 用剪刀在图像上小心地剪出两个切口，一个是从左耳底部到左鼻孔边缘，另一个是从右耳底部到右鼻孔边缘。注意，在这一步中，不需要去除其他部分。

步骤6： 将刚剪好的每个切口两端的边缘重叠25毫米，这样你的脸部图像就制作成了碗状。在重叠部分的背面贴上胶带，这样图像就能保持碗状了。你应该知道这个脸部图像是微微凹陷的。

步骤7： 重新粘上在步骤4中取下的耳朵。你的头像就制作完成了！

步骤8： 把这个头像贴在墙上，离地至少1.8米，最好把它放在尽量高的地方。当观察者距头像至少1.2米时，错觉通常才会显现出来，所以你需要把头像放在高处，确保产生错觉。

注意： 在粘贴之前，必须确认当取下头像时，胶带不会在墙上留下痕迹，破坏涂料或墙纸。

现在，请你在房间里移动。这张头像就像是在看着你，无论你走到哪里，也无论你是站在椅子上还是躺在地板上，这张头像或上或下、或左或右，总是在看着你。如果你和你的朋友分别移动到房间内不同的角落，你们每个人都会觉得那张头像是在看着自己，尽管你们在不同的位置。

实验：纸质监控摄像头

打印出这款简单的能令人产生错觉的监控摄像头图片，制作好后把它放在房间内墙角的高处，这会让人觉得无论何时经过，摄像头似乎总在跟着自己转动。这可能是最便宜的监控装置了。

材料

- 在这一页上的监控摄像头图像，或者从互联网上获取的监控摄像头图像
- 216毫米×280毫米的白卡纸或打印纸
- 透明胶带

工具

- 彩色打印机
- 剪刀

如何操作

步骤1： 复印本书上的监控摄像头图像，并把它剪下来。你也可以从互联网上下载监控摄像头图像到你的计算机里，然后用白卡纸或打印纸把它打印出来。小心地剪下监控摄像头图像和标签，然后把它折叠成一个盒子形状的三面体。

记住，为了产生错觉，你要制作一个反向的摄像头。所以，一定要把剪下的图像折叠好，以便让监控摄像头图像在盒子里面而不是外面。这与你平常做的完全相反。把外面折叠好的和没有打印的纸的侧面用胶带粘住，以便于盒子保持形状。

步骤2： 找一个适合的场所放置这个“摄像头”，你应该把“摄像头”粘贴在墙的高处，让它看起来是在俯视人们。一个理想的地点就是房间角落的最高处，将摄像头图像放置在两面墙和天花板交接的地方并用胶带固定。在此之前，必须确认当取下监控摄像头图像时，胶带不会在墙上留下痕迹，破坏墙面涂料或墙纸。

绕着房间走一走，观察“摄像头”的变化。它似乎也在上下左右移动，完全和你的行动同步，好像有人在远程操控它。

注意： 我们越远离“摄像头”，越容易产生错觉。离开“摄像头”1.8～2.1米距离时，它能很好地工作，当过于靠近时就不是那么有效了。如果它为你工作的时候遇到了困难，你可以闭上一只眼睛，然后在房间走动，看着“摄像头”。此时会感觉它又开始工作了。你睁开双眼，它将继续工作。在视频中，这种错觉也会非常清楚。用手机记录“摄像头”似乎在追随着你这个令人吃惊的事实吧。

科学原理

当我们看到一个凹形物体时就会产生错觉，这种现象在200年前就已经有人知道了。这是因为我们生活在一个三维世界里，而每一只眼睛只能看到二维平面。

单只眼睛的工作原理和一台相机或电影放映机基本相同。光通过透镜聚焦后，把一个二维平面图形投射到另一边。人眼把图像聚焦在视网膜后面，就像投影仪把图像聚焦在屏幕上、相机把图像聚焦在电子图像传感器（以前是胶片）上一样。每只眼睛通过视觉神经将图像传递给大脑，大脑解读信息，然后告诉我们所看到的事物。例如，图像上细微的差别通过双眼传递给我们的大脑，大脑进而判定物体的景深。当你观看3D电影的时候，戴上特殊的眼镜就可以看到稍有不同的图像给你带来的一种立体景深感。

通常我们的大脑解读这些信息毫不费劲，但二维图像是模糊的。每隔一段时间，大脑就会根据双眼所看到的事物，在各种可能性中做出选择。

最简单的案例是由瑞士科学家路易斯·艾伯特·奈克发现的。他早在1822年就发现了目前众所周知的“奈克方块”，从这个图像的左边看，无论是正视还是俯视，它都是一个立方体；从右边正视或仰视时，它仍是一个立方体。

问题是我们通过大脑得到的二维信息并不局限于这种奈克方块。举个例子，眼睛从接近我们视线处得到的图像和远离我们视线处得到的图像几乎相同。同样，凸脸和凹脸都会在我们的视网膜上产生相同的二维图像。

因此，从正面看时，凸形看上去和凹形是一样的。从某一个角度看的话，才会有不同的效果。但若从右侧看到凸形，从左侧看到凹形，就会产生相同的二维图像。

当观察者从左边移动到右边观察时，如果那张脸直接转向右边，面对观察者，凹脸（由内到外）和凸脸（正常）看上去是一样的。在相反的方向上，即观察者从右边移动到左边，凹脸似乎直接转向左边面对观察者。

从我们观察的角度来看，监控摄像头在视网膜上产生的二维图像和正对着我们的普通摄像头

不同的物体能够在视网膜上产生相同的图像

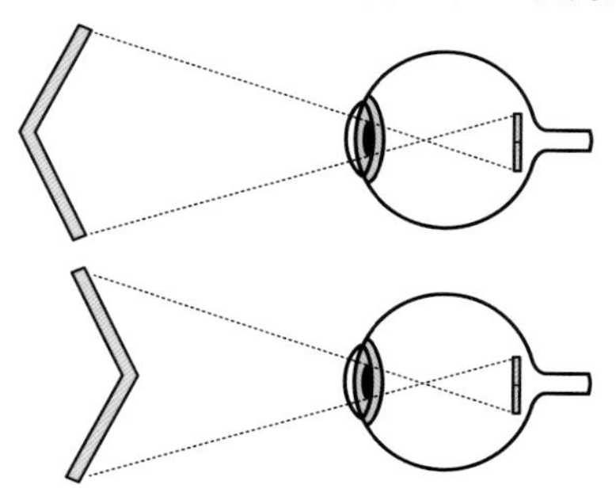

指向“前”的物体和指向“后”的物体投射到视网膜上的图像是相同的

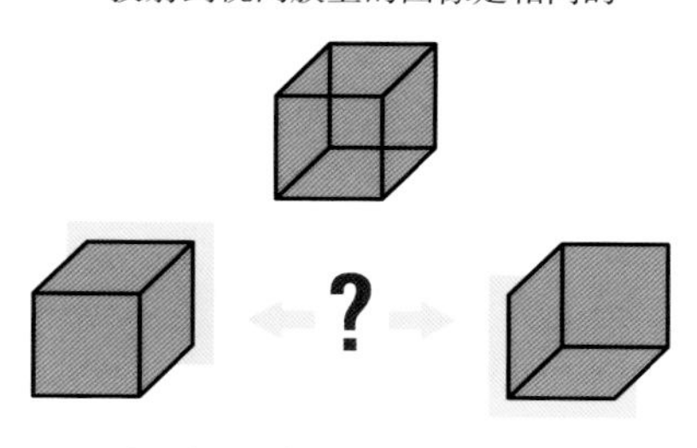

眼睛不能告诉我们上面的立方体对应于下面的哪个立方体

产生的图像完全一样。一旦大脑判定看到的是凸形，无论我们怎么移动，大脑都会继续认为这个物体是凸形。

这些基本相同的现象出现在绝大多数光学错觉中。一旦它们“进入判定”，我们就很容易看到它们，但很难用其他方式来看清楚它们。一旦它们“离开判定”，即使知道它们存在，我们也根本产生不了这种错觉。这种现象被称为“完形转换”，来自德语单词“gestalt switching”，大意是“整个物体”。

移动的头像和纸质监控摄像头都是通过“欺骗”使大脑产生不正确的推断的——看到的是凸形。在我们来回走动时，大脑会进行不正确的推断——我们所看到的凸形图像也在改变方向，并和我们一起移动。

大脑幻觉失灵

有趣的是，心理学家发现精神病患者不会被这些错觉所愚弄，那些醉酒和受某些药物影响的人也不会被错觉愚弄。还没有人能确定其中的原因，但这似乎直接与具备某些条件的人有关：人们有时候会产生错觉，确认他们“听到”或“看到”了那些并不存在的事物。

在以下两种情况中，眼睛与耳朵发送的信号和大脑如何解释这些信号之间似乎发生了中断：一是人们产生了错觉而看到别人看不到的事物，二是人们不能看见其他人所能看到的光学错觉。事实上，精神病患者不能看到光学错觉，这也许变成了一个线索，能够帮助医生去弄明白他们的大脑里发生的事情和他们得病的原因。

第2章 不断扩大的大脑错觉

不断扩大的大脑错觉是迄今为止发现的最令人费解的光学错觉之一。注视着旋转的螺旋体20秒，然后看你的朋友，他的头似乎在不断地变大，好像一个巨大的气球。这种错觉通常会持续10～15秒。

然后改变螺旋体的旋转方向再次进行实验，你会发现你朋友的头看上去就像在不断地缩小。

工作原理

这种情况有时候被称为“瀑布错觉”或“运动后效”，据说这种错觉是在2000多年前由亚里士多德发现的。英国人亚当斯在观察苏格兰的福耶斯瀑布时发现了这种错觉效应，把它命名为“瀑布错觉”。当观察瀑布一段时间后，转移目光，就会感觉瀑布一侧的岩石好像在上升。

在这个实验中，当你注视着旋转的螺旋体大约20秒时，你就会产生这样的错觉：物体变得越来越小，逐渐消失在远方。当你看别处时，运动后效将这种效果反转，会导致你不论看什么都觉得它似乎在膨胀变大。

感觉适应

目前人们还没有完全弄明白，在我们的眼睛和大脑之间到底发生了什么，从而导致这种现象出现。一种理论解释是我们眼睛里的神经元长时间观察相同的运动时会感到疲劳，因此，当我们看别处的时候，神经元不能马上调整回来。另一种可能更合理的解释是所谓的感觉适应。

几乎我们所有的感官对连续刺激的反应都是在逐渐减弱。这就是为什么起初我们会觉得洗澡水太热，如果待1分钟左右，就会感觉温度变得很合适。其实水的温度相同，而到后来我们的感觉已经适应了这一温度。接着，如果我们身上溅到与室温相同的水，就会觉得冷。

相似的例子，当冰箱不工作的时候，原本安静的房间里突然变得出奇地安静。这也解释了为什么在航海之后回到陆地上，船上的乘客常常会觉得地面好像波浪一样在摇晃。

我们首先注意到一个明显的刺激物，其刺激效果即使是强烈的，但如果它保持不变，那么它也会逐渐在我们的意识中消失。这种刺激会变得正常，我们仅注意到和它有关的变化。例如，如果我们适应了热水，对于与室温相同的水就会觉得冷。

当盯着旋转的螺旋体看时，你的视觉将习惯于这种感觉，一切都收缩到远处螺旋体的中心。接着，当你再看一些正常的东西时，它们看起来会越来越大，这是因为你已经适应了所看到的事物是收缩的。

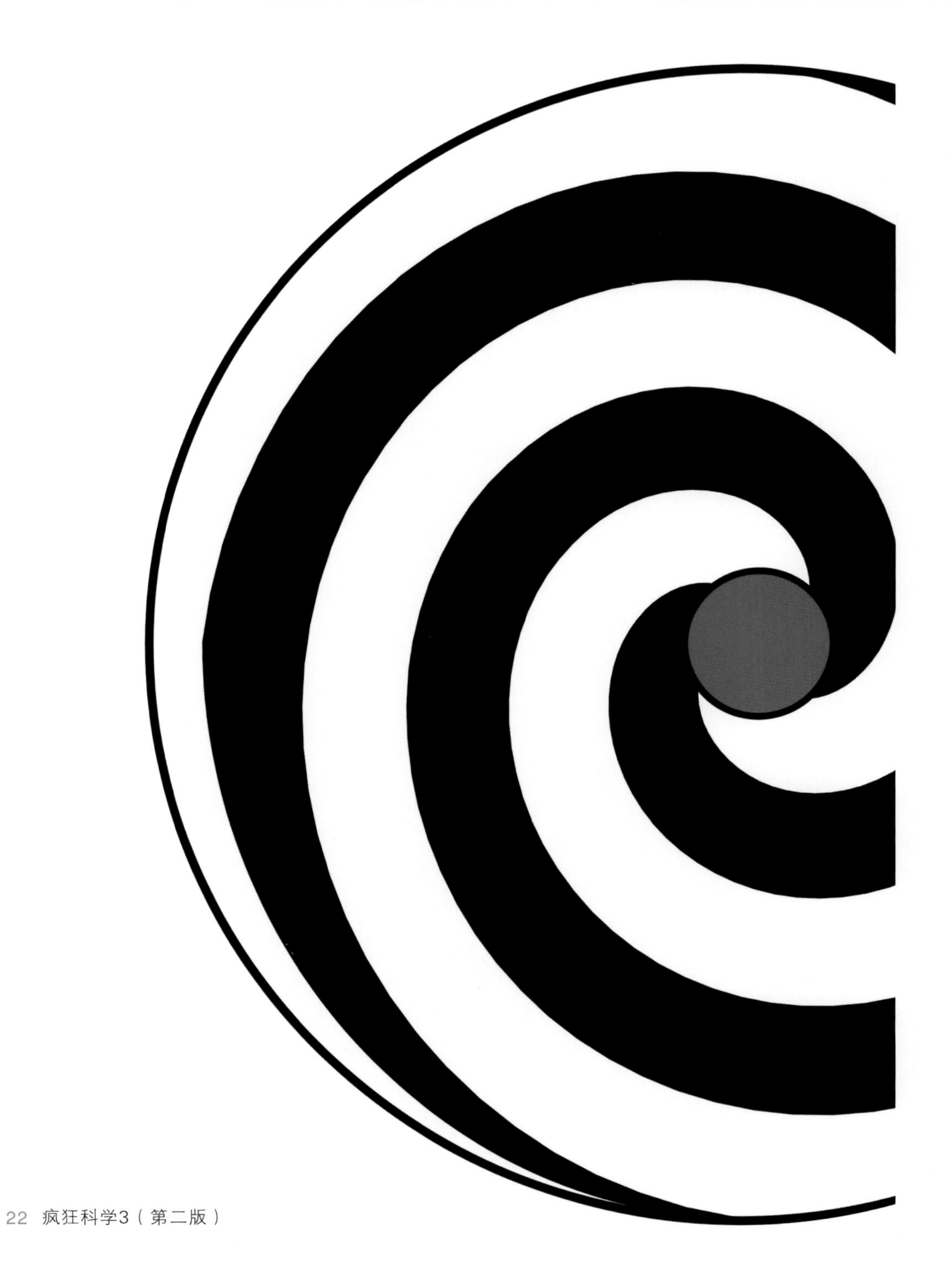

实验：不断扩大的大脑错觉

材料

- 本书（第22页和第23页）上的螺旋图案
- 从互联网上获取的螺旋形图案
- 两张216毫米×280毫米的白纸
- 透明胶带或胶水
- 硬纸板
- 胶带
- 电钻

工具

- 彩色打印机或者黑白打印机
- 剪刀

如何操作

步骤1： 复印第22页和第23页所示的螺旋图案（你也可以从互联网上下载这种图案）并打印出来。这个螺旋体的直径为240毫米，将其打印在一张标准打印纸上时太大，所以每张纸只能显示螺旋体的一部分。在每张纸上剪下整个图案的一部分，用透明胶带或者胶水把它们粘在一起形成一个圆形。

步骤2： 在一块硬纸板上，沿着圆的直径把它剪下来。

步骤3： 把螺旋纸用胶水或胶带粘贴到圆形硬纸板上，给它一个坚实的支撑。

步骤4： 用胶带把螺旋硬纸板背面和电钻的一端粘在一起，胶带准确地粘在电钻的一端（不需要使用钻头），确保螺旋体的中心对准电钻顶端的中心。

步骤5： 握住电钻的手柄，让螺旋体中速旋转。

步骤6： 让一个朋友（最好是一群朋友）站在离螺旋体3米或4.5米的地方，当螺旋体旋转的时候，注视着这个圆的中心20秒。在这段时间里，每个人都要耐心地、目不转睛地注视着螺旋体。如果一个人握住电钻，慢慢地从20开始倒数，会很有帮助。

步骤7： 20秒以后，让你的朋友直接看着握电钻的人的鼻子，他的头看起来会像一个巨大的充气气球，这种错觉将持续10～15秒。

如果你重复上面的工作，让电钻朝相反的方向旋转，那将产生相反的效果，人的头看上去会是缩小的。

1
1
3
3
makita
4
6
7

多个错觉

不断扩大的头部错觉特别强烈，因为它同时涉及多种光学错觉。首先，旋转的螺旋体并不是真的在扩大或缩小。这种效果本身是一种光学错觉，一个最简单的例子为“走马灯错觉”。

理发店走马灯里的螺旋条纹会给人一种向上或向下运动的错觉（这取决于旋转方向）。与大多数光学错觉一样，走马灯错觉基于我们眼睛接收到的模糊信息。不管灯柱是在旋转还是静止不动，理发店走马灯里的运动条纹在我们的视网膜上都产生了相同的图像。鉴于这种模糊信息，我们的大脑做出一种猜测，然后解释为它在向上运动。

螺旋体会产生一种看似圆形的走马灯错觉。例如：当朝着一个方向旋转的时候，螺旋体似乎是在向内移动；当朝着另一个方向旋转的时候，螺旋体似乎是在向外移动并扩展。这就给人一种错觉：螺旋体是在扩大或者缩小。有时候能感觉到我们好像时而在朝着螺旋体的中心移动，时而在后退远离它。

当我们的感官适应了反向错觉后，把目光移开。如果原先螺旋体看上去是在缩小的话，那么我们接下来看到的物体就似乎在变大。这就解释了为什么朋友的头看起来就像气球在膨胀。

另一个感官适应的例子

这是一个感官适应方面的典型例子。触摸美国探索博物馆里的3根铜管：一根暖和的铜管、一根室温下的铜管和一根冰凉的铜管。在实验中，你把一只手握在暖管上，另一只手握在冷管上。

用15秒的时间给每只手建立一个新的“正常”温度，然后把你的双手握在室温管上。原先握着暖管的那只手会感觉冷得出乎意料，而原先握着冷管的那只手会感觉非常温暖。

这种体验和管子的“客观”温度无关，而且与你有意识地期望哪根感觉暖和或者哪根感觉冰凉也无关。你的大脑会不由自主地解释关于温度的这种变化，判断什么是“暖和”和什么是“冰凉”。事实上，在同一时间里室温管给人以“温暖”和“冰凉”两种体验。

我们的感觉器官——皮肤、耳朵、眼睛、鼻子、舌头等——不断地向大脑准确报告，大脑里的接收细胞准确地接收报告并关注相关的变化。在我们生活的环境中，这种感官适应性可以提高我们辨别微小而关键的变化的能力。如果没有这种感官适应性，我们就会丧失对微小变化的辨别能力。例如，当沿着公路行驶时，我们会适应当前的行驶速度，这提高了我们对微量加速或减速的察觉能力。你站在路边，很难说一辆路过的汽车是否从100千米/小时加速到110千米/小时，但如果你在那辆车里或驾车紧跟在它的后面，这就很容易察觉出来了。

感官的适应能力

感官的适应能力以卓越和复杂的方式“工作”。例如，实验心理学的先驱乔治·斯卓登发明了一副眼镜，能够使世界看上去上下颠倒、左右换位。他戴上装有特殊镜片的眼镜，反转的光线落在他的视网膜上，使外部世界的物体在视网膜上的成像发生反转。戴上这种眼镜大约一周，斯卓登指出他的大脑已经适应了这种现象，以至于对他而言外部环境就是完全上下颠倒、左右换位的。他能够随意地行走。尽管他知道眼镜已经反转了世界，但他已经适应了这种情况。

在取下眼镜后，他的感官适应能力只要花几个小时就能恢复正常，世界看上去不再上下颠倒、左右换位，但他会继续像以前一样做出反应，他发现自己用右手去取左边的物品，反之亦然。

第3章 针穿气球

气球和针不能混放在一起，不是吗？如果用一根长而锋利的针刺穿一个气球，能使气球不爆裂吗？这看起来不可能实现，但如果你知道了其中的窍门，就会觉得很简单。

工作原理

乳胶气球是由长链分子弯曲和折叠而成的，当这些橡胶链被拉开的时候，曲线就会变直，在链断裂之前允许它们被极限拉伸。这就是橡胶有弹性的原因。

在气球充气膨胀之前，橡胶的链形分子处于松弛的状态，它们有的弯曲，有的扭转，有的折叠。当气球充气膨胀起来后，这些分子就都被拉开了。

当气球膨胀起来时，除了两个地方之外，大多数链形分子都被拉伸到了极限。这个实验的关键就在这里。在气球吹气端和气球顶端，橡胶比较厚，分子比较长，扭曲的链分子保持相对松弛状态。在这两个部位，当锋利的针尖穿过的时候，针接触的橡胶材料继续弯曲，随着针而延展。当用针从气球的侧面去戳拉紧的橡胶链分子时，这些分子不再“让步”，因此气球将发出爆裂声。

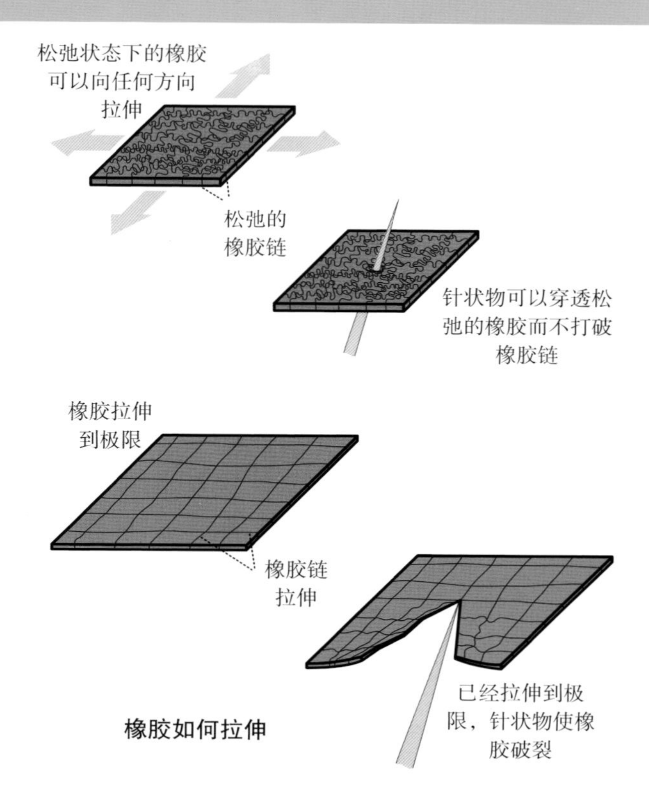

橡胶如何拉伸

实验：针穿气球

材料

- 一个标准的“0”号针（直径2毫米）、编织用的细针或者烤肉钎子（钢制的或竹制的）
- 多个橡胶气球（半透明的气球最好，可以让你看见针在里面移动）
- 几滴油（植物油或者三合一润滑油）

工具

- 砂纸或者磨刀石（如果有必要，可以将针磨锋利）
- 老虎钳
- 抹布或纸巾（使针表面光滑）

如何操作

步骤1： 确保针头非常锋利。如果需要的话，可以使用砂纸或者磨刀石磨针，使针尖像削尖的铅笔一样锋利。

确保磨尖后针的任何部位都没有毛边和毛刺。它要有一个锋利的尖端和光滑的表面。（使用这根针时要非常小心，它非常锋利！）

步骤2： 将气球充气到最大体积的80%左右。此时它应该很好地膨胀起来了。如果是在房间里，可以让它膨胀得更大一些。

注意： 虽然你只需要一个气球做这个实验，但你肯定要做几次。由于每个气球只能做一次实验，而且通常不可能一次成功，所以在步骤3中一定要多准备几个气球。

步骤3： 松开你控制的气球的吹气端，稍稍放出一些空气，让气球略微缩小。这可以确保气球有足够的弹性，当针穿过并离开它的时候，气球不会爆裂。接着，准备扎气球。

步骤4： 涂数滴油或者一点凡士林在抹布上，用抹布擦针，使整根针都很光滑。

步骤5： 注意在你吹气的部位和它的对面（气球的顶端）有两个比气球的其他部位都厚且颜色更深的地方。这两个地方将是你戳穿气球的部位。

步骤6： 一只手握住气球，另一只手拿着针，小心缓慢地将锋利的针尖刺进气球尾部比较厚并靠近扎口的部位。如果这个气球内的空气不是非常足且针非常锋利，那么针将穿过这个气球，而气球不会爆裂。

继续让针穿过气球。瞄准点儿，以便针能刺中对面最厚的部位。如果你刺中的部位正确，针会再次刺穿气球，而且针退出时也不会把气球弄破。

步骤7： 在让观众欣赏这一场面5 ~ 10秒之后，你可以沿着针刺入的方向，轻轻地将针从气球中拿出。一旦你取下了针，气球内的空气将从两个针孔中开始缓慢泄漏。此时此刻，如果想证明气球和针都是真的，只需将针尖扎入气球侧面橡胶比较薄的地方，将气球弄破即可。注意做这件事情时不要拖延太久，否则气球内的空气就可能不会那么足，不能让你轻易弄破它而发出爆裂声。

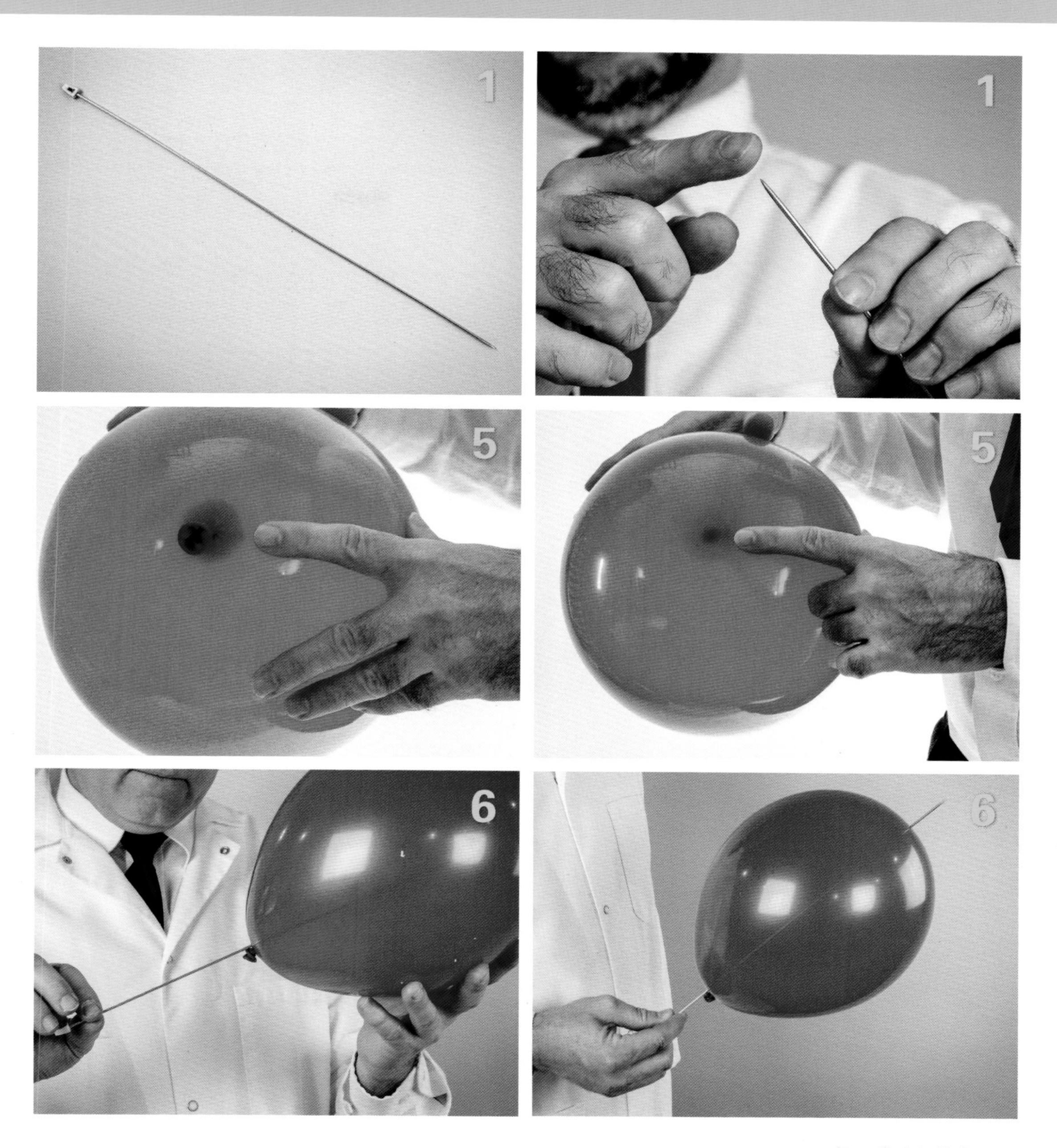
1
1
5
5
6
6

科学原理

正如我们前面所说的，这个实验的关键在于将光滑的针穿过气球上那两个特殊的地方，和气球表面的其他地方相比，这两个地方的橡胶没有被完全拉伸。为什么气球有这两个比较厚实的地方呢?

如何生产气球

通过将金属模放在液体橡胶中浸泡，可形成各种不同大小和形状的气球。让液体橡胶覆盖在金属模上，就像给模具穿上了外套。然后，用刷子把橡胶颈部卷起，这样就在气球的吹气端形成了典型的“吹气口”。接着，给橡胶加热定形，最后将气球从金属模上取下。

然而，当橡胶还是液体的时候，一些胶液会从长颈口向下流淌，聚集在吹气口四周；同时胶液也会从旁边流下来，然后聚集在气球顶部。这样就在气球上产生了两个橡胶比较厚的区域。就是这两个区域可以让针在戳穿气球的同时不会把它弄破。

粉末的用处

你想知道为什么制作气球的时候气球不会粘在模具上吗？这是因为在液体橡胶中浸泡之前，模具外表覆盖了一层粉末，这就像做蛋糕时在倒入面糊之前，会在蛋糕烤盘上抹一层面粉一样。在你以前吹爆气球的时候，注意过这种粉末吗?

橡胶的魔力

橡胶是一种神奇的材料。它是由胶乳制成的，就是那种自然存在于某些植物中的乳白色汁液（尽管它不是汁液本身）。现在，大多数商用胶乳来自巴西橡胶树。胶乳本身非常普通，大约

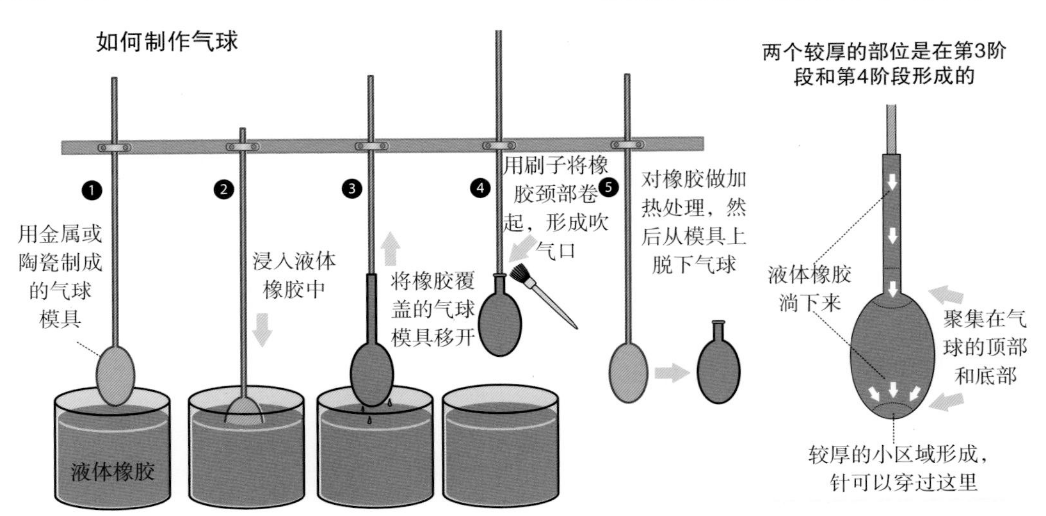

10种开花植物中就有一种能提供这种汁液。

胶乳是从橡胶树上取下的汁液，收集好以后，液态的胶乳经加热处理后凝结成固体而没有黏性。我们可以使用这些原材料生产一些东西，比如气球和橡胶手套。当用硫磺和其他的稳定剂对橡胶进行加热硫化后，它会变得非常坚固、稳定。橡胶能用来制成一些物品，比如皮球、防水靴、汽车轮胎。

橡胶的硫化过程是由3600年前的奥尔梅克印第安人［在纳瓦特尔语（阿兹特克语系）中这个名字本身就指“橡胶人”］发现的，他们是阿兹特克人和玛雅人的祖先，生活在中美洲。奥尔梅克印第安人割开各种橡胶树获取胶乳，然后混合从富含硫元素的月光花和牵牛花中提取的汁液，煮一煮，就产生了坚固且有可塑性的橡胶，用于制造结实的橡胶球、空心的人物雕像以及厚实的橡胶带。除了这些以外，橡胶还可以让斧头紧紧套在斧柄上。中美洲人也使用这种橡胶制作耐用的橡胶底凉鞋、专用的橡胶头锤子和某种鼓槌的橡胶头。

18世纪橡胶第一次传入西方，当时欧洲人没有意识到它的应用潜力。当它作为一块橡皮擦能将铅笔留下的痕迹擦掉的时候，欧洲人才发现了它的价值。

第4章 自我压扁的金属罐

在这个实验里，取一个容积为4升的金属罐，使它戏剧性地内爆。你所要做的就是在金属罐里面放一些水加热，并将它密封起来，然后降温。这足以使金属罐变皱、变瘪，看起来这种现象就像是由它自身引发的。

工作原理

这个金属罐确实被地球上围绕在我们身边的无形的空气压扁了，完全是因为空气压力吗？

空气是我们的肉眼无法看到的，它由不同的气体组成，包括氮气（大约78%）、氧气（大约20%）和少量的其他气体（不到1%）。虽然相对来说，所有这些气体都非常轻，但是在我们的周围有大量的空气，海平面上每平方米大约有10^5牛的压力一直压迫着我们。

但是空气压力不会正好是向下作用的。围绕在我们周围的空气分子总是在运动，从各个方向作用于我们：向上、向下和斜向一边。这就意味着只要金属罐是打开的，空气就能流入和流出，金属罐里面的压力将和金属罐外面的压力相平衡。这种平衡的压力不会造成任何明显的影响。

在这个“自我压扁的金属罐”实验里，压扁金属罐是通过改变金属罐里面的压力来实现的，也就是让金属罐内部的压力变得比它周围空气的压力小很多。如何做到呢？首先，将金属罐里面的水煮沸，让金属罐内充满蒸汽。受热后金属罐里面的空气分子开始快速运动，这时气体膨胀，占据了更大的空间。然后，封上盖子，以便无任何气体流入或流出金属罐。你需要快速冷却蒸汽，让它凝结成液体水。这就会使金属罐内部的压力减小。随着金属罐内部的蒸汽冷凝为液态，金属罐外部的空气压力因为没有足够的作用力能与自己对抗，它们就会把金属罐压扁。

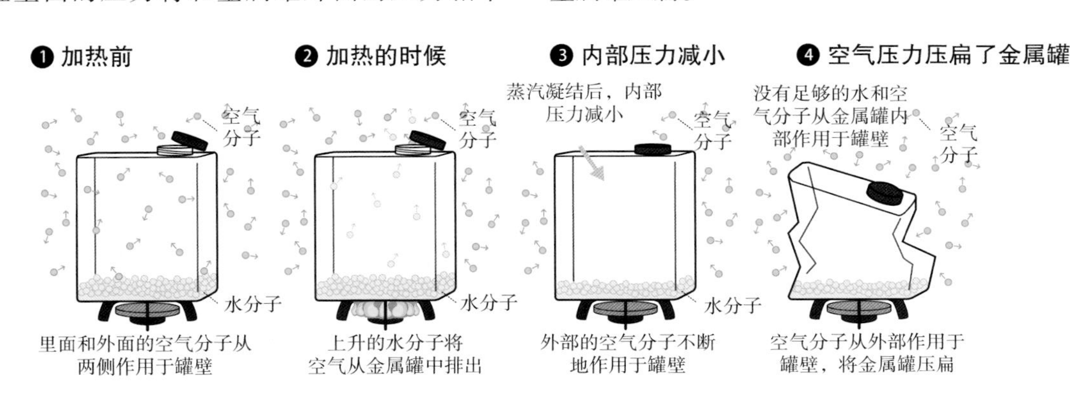

实验：自我压扁的金属罐

这里要注意，我们曾经考虑把真空作为一种力量，就像吸尘器的吸力一样。但事实上，真空本身不能产生力量，它真的没有压力。通过冷却蒸汽在金属罐里面形成低压，这不是压扁这个金属罐的原因，真正的原因是一股来自金属罐外部的空气分子的力量，这些空气分子和往常一样不断地推动罐壁，但是这时突然没有相当的作用力和它们相抗衡了。

材料

- 一个4升的“F型”空金属罐
- 水
- 冰

工具

- 护目镜
- 量杯
- 火炉或电炉
- 两只烤炉手套
- 一个可以容纳金属罐的装着冰水的盆

如何操作

步骤1： 确保把所有的可燃液体从这个金属罐内完全清空。如果有少量的溶剂残留在金属罐里，请将这些溶剂转移到一个安全的防爆容器中并盖好盖子（不要使用塑料容器，因为有些溶剂可以溶解塑料）。将金属罐用水清洗干净，将盖子打开几小时进行风干，让残留的溶剂挥发掉。

步骤2： 在金属罐里倒入大约1/4杯的水。水应该完全覆盖金属罐的底部，而金属罐上部仍然是空的。

步骤3： 戴上护目镜。金属罐会在瞬间被戏剧性地压扁，可能会有意想不到的结果，因此，请戴上护目镜，防止一些意外的飞溅物溅入你的眼睛。然后装一盆冰水，靠近火炉。如果水槽靠近火炉，将它装满冰水也可以。

步骤4： 取下金属罐盖子，把金属罐放到炉子上，将里面的水加热煮沸。在等待水沸腾的时候，双手戴上烤炉手套。

步骤5： 一旦水达到沸腾状态，就会产生许多水蒸气，此时关闭炉子。

步骤6： 使用烤炉手套将金属罐捧离炉子，倒转金属罐并马上将其放到冰水里。金属罐几乎立刻被戏剧性地压扁了。

注意： 翻转金属罐并快速地将它放入冰水中，确保水完全密封住罐口，这样就没有空气能够进入到罐中来平衡外部压力。

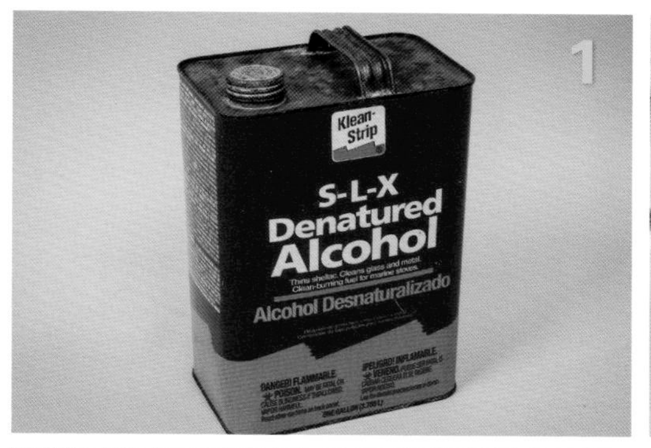

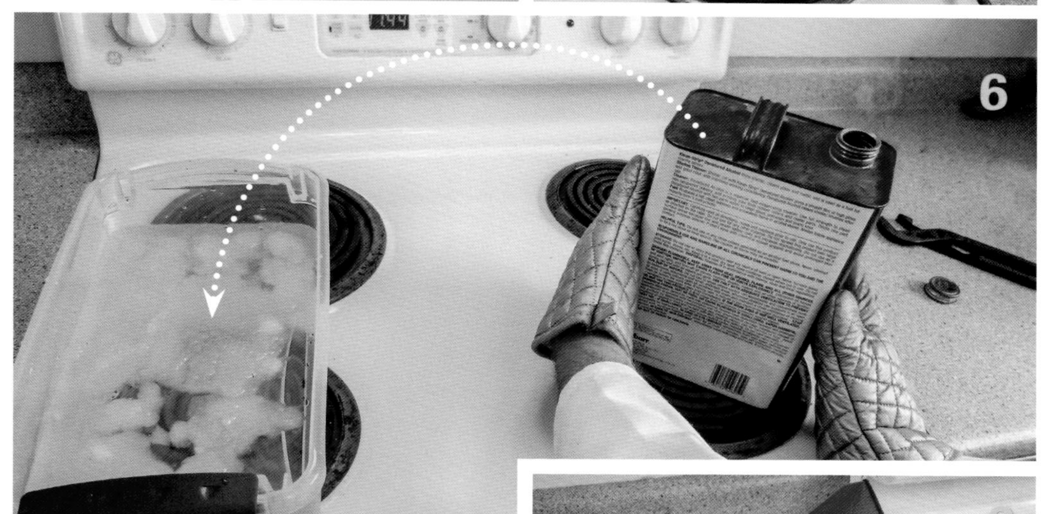

警告！

不要不戴烤炉手套而用手直接捧起罐子放到冰水中。

罐子的温度非常高，会被非常剧烈、快速地压瘪。

水会溅出来，你将不自觉地扔掉罐子，这会烫伤你自己或别人，而使用烤炉手套则比较安全。

自我压扁的可乐罐：一个快速而简单的小实验

你也能用一个普通的可乐罐做与上文相同的实验。观看一个大的金属罐顷刻之间被大气压扁，会给人留下非常深刻的印象，但是如果没有大金属罐，用一个可乐罐也可以完成相同的实验。

材料和工具

除了量杯之外，你需要和先前实验一样的工具和材料。你还需要一把钳子和一个340克的铝制可乐罐。

如何操作

步骤1： 在可乐罐里装几勺水。

步骤2： 将装有水的可乐罐放在炉子上加热，直到水沸腾，然后戴上烤炉手套。

步骤3： 当水沸腾后，使用钳子（罐子太热了，不能直接接触）将罐子夹离炉子，立即将它倒置在冰水中。可乐罐被压扁了！

科学原理

如果空气压力足以压扁金属罐，为什么在我们的生活中一直都没有看到呢？为什么空气没有将我们压扁？

只有当罐子内部和外部的压力失去平衡时，空气压力才会将罐子压扁。我们的身体里面（比如说在我们的肺部）有一定的空气压力，它和我们周围的空气压力大小相同。只要我们的身体内外的空气压力保持平衡，我们就不会有任何问题。我们已经习惯了一定量的空气压力。

然而，当我们坐飞机时，由于高空大气层中的空气压力比较小，我们会发觉耳朵胀痛，此时身体试图去平衡它的内外压力。当飞机在高空的时候，如果我们喝完一个塑料瓶装的饮料，然后把它密封起来，我们将发现飞机着陆后，这个塑料瓶就会被压扁，就像这个实验里的金属罐一样。这都是因为地面上的空气压力高于高空。

如果身体承受的压力变化太快，我们就会体验到平常所说的减压病，这也是潜水员所熟知的一种症状。在潜水的时候，潜水员不仅会承受大气压，而且还有更大的水压施加在他们身上。当潜水员快速浮出水面的时候，这种迅速变化的气压会造成他们血液中的气体形成气泡，给他们带来痛苦和危险。

当宇航员在太空舱内和太空舱外来回移动的时候，也需要关注空气压力和可能产生的减压病。空气压力相对变化时，没人愿意成为实验里被压扁的金属罐。

第5章 象牙火山

想象一下，一块简单、普通的象牙肥皂在你眼前几秒内就变成了像熔岩般巨大的纯白色泡沫堆。完成这个实验只需要一些象牙肥皂和一个微波炉。

工作原理

为什么用象牙肥皂来做这个实验，而许多其他品牌的肥皂不行呢？象牙肥皂是由美国宝洁公司在1879年首次投放市场的，自1891年以来，市场上流行的宣传语就是“它能漂浮”！

最初，会漂浮的肥皂比其他肥皂更具优势是因为它不会沉在水池或者浴缸底部（或像下图的广告一样，象牙肥皂不会淹没在小溪中）。它会一直漂浮在水面上，如果不小心肥皂掉了，你能很容易找到它。

象牙肥皂漂浮在水中是因为它在制造的时候被烘烤产生了微小的气泡，使得其密度小于水。正如你将看到的，气泡中的水分一旦被加热就会膨胀得像气球，同时会导致整块肥皂像火山喷发一样产生大量的泡沫。

1898年，象牙肥皂的广告：“它能漂浮”！

发明会漂浮的肥皂

据说是宝洁公司的员工发明了这种会漂浮的肥皂。一个工人在工作时无意中长时间离开了肥皂混合机，细小的气泡进入液体内部使得制作的一批肥皂非常轻，以至于能漂浮在水面上。使用这些肥皂的客户们都觉得产品不错，所以公司开始有目的地按这种方式生产象牙肥皂。

虽然它是一个有趣的故事，但却完全是虚构的。事实上，宝洁公司的化学家杰姆斯·诺里斯·盖姆（公司创始人杰姆斯的儿子）在制皂研究过程中知道了如何使肥皂漂浮起来，而且他在象牙肥皂品牌存在之前就有意识地决定所有宝洁公司的肥皂都按照这种方式生产。在他1863年的笔记中，年轻的盖姆写道：“我今天发明了会漂浮的肥皂，我们应该按照这种方式生产所有的产品。”

实验：象牙火山

材料

- 一块象牙肥皂

工具

- 一把锋利的刀
- 一个微波烤盘（一个纸碟子也可以）
- 微波炉

如何操作

步骤1： 先使用一把锋利的刀小心地将整块象牙肥皂切下一半。你可以使用一块完整的象牙肥皂，但一开始最好是使用一半。因为你会惊奇地发现半块肥皂竟然可以变得如此之大。

步骤2： 将象牙肥皂装在盘子里放进微波炉。

步骤3： 将微波炉设置在高火挡，加热30 ~ 45秒，并观察象牙肥皂加热的情况。起初，象牙肥皂没什么变化，但过了10秒，你会注意到一些白色物质像火山喷发一样快速地冒出来。继续加热肥皂，盘子内将快速地装满白色肥皂熔岩。根据微波炉的火力强度，你可以花少一点或稍微多一点的时间来让象牙肥皂充分扩张开来。请站在旁边随时准备停止微波炉的工作，因为即使是短短30秒的时间，也足够让肥皂装满盘子了。

步骤4： 在30 ~ 45秒之后，关掉微波炉，打开门，暂时不要移动肥皂熔岩，先让它冷却。注意，当它变为固体后体积将略有缩小。

步骤5： 在大约15秒后，一旦“熔岩”冷却，就把它从微波炉中取出。这时，它又变回了固体。你可以将它放在一个小碗里，把它当作装饰品。你也可以很容易地捏碎它，为圣诞演出制作非常逼真的雪花。

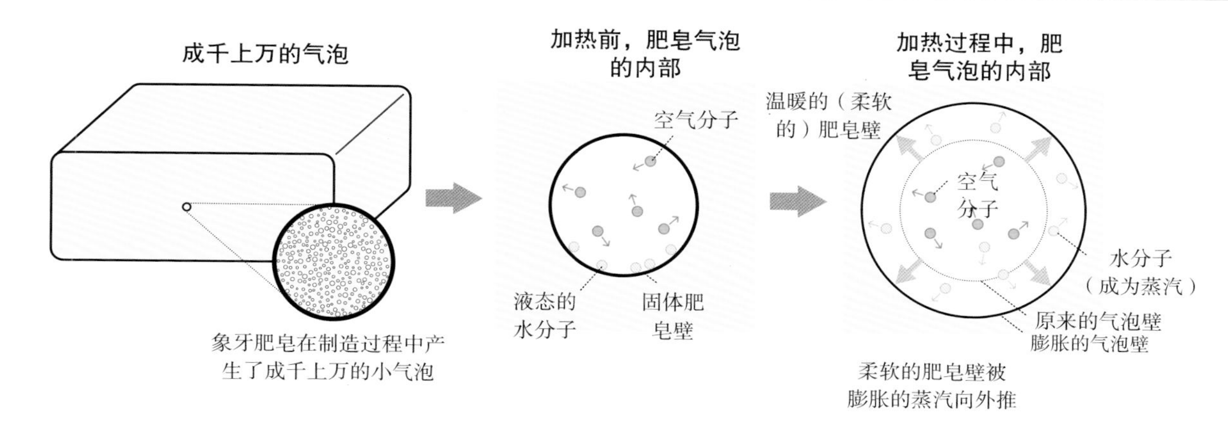

事实上，象牙肥皂里带进了小气泡，这就是它在微波炉里变成肥皂熔岩的原因。这些小气泡使象牙肥皂呈泡沫状。泡沫随处可见：厨房中用的海绵是泡沫，浪花是泡沫，乳酪蛋奶酥是泡沫，连瑞士奶酪本身也是泡沫。

在象牙肥皂里，空气充满了每个小孔，还有一点点水分在里面。用微波加热象牙肥皂的时候，水分就变成蒸汽，不断地膨胀。同时，因为加热给肥皂分子增加了活力，象牙肥皂自身变得柔软，固体肥皂开始液化，使得肥皂分子之间不能牢牢地连接在一起了。

受热的肥皂壁变得柔软，充满蒸汽的气泡膨胀起来就像成千上万的小气球。同时，这些小气泡像肥皂泡一样不断变大，象牙肥皂中的泡沫就像火山喷发一样一发不可收拾。

接下来，关掉微波炉，停止加热，会有两件事情发生。

首先，这些柔软的泡沫不再变大，甚至会瘪下去一点。为什么？是空气从泡沫中泄漏了出去吗？不是。实际上是发生了和自我压扁的金属罐几乎完全一样的事情，只是发生在金属罐上的效果更明显、更戏剧性一些。每个小气泡里的蒸汽逐渐冷却，又变成了水，创造了一个小低压环境。液态水比蒸汽（气体）占用更少的空间，因此，现在每个气泡内部的空气压力都低于肥皂外部的空气压力。和自我压扁的金属罐一样，外部的空气分子向里推动着肥皂壁，导致其坍塌。

其次，肥皂冷却的同时，分子运动速度变慢（这实际上是冷却的意思）。肥皂变硬，但它现在是熔岩的形状。肥皂本身确实和它以前呈块状的时候是一样的，但此时它的结构比较脆弱，那些小气泡从比较薄的肥皂壁分离后，形成了更大的气泡，肥皂分子没有改变，但肥皂的结构发生了变化。因此，肥皂熔岩更容易崩溃和瓦解，但你仍然可以将它当作肥皂使用。

第6章 摩擦力与惯性的较量

本文将从经典的抽桌布（放置在物品的下面）表演入手，它永不过时，我们将告诉你怎么做。然后，你可以增加难度，将其变成更加令人印象深刻的绝技——鸡蛋垂直落入装满水的玻璃杯，最后是下落的高尔夫球的连锁反应。

工作原理

所有这些表演的原理都是一样的。在一堆物体底部施加足够大的力，可以移走最下面的物体而不会影响到其上面的其他物体。这是惯性与摩擦力的对抗：换句话说就是处于静止状态的物体保持静止的趋势与两个物体之间滑动产生的摩擦力相互对抗。令人奇怪的是，快速移动某物体（如桌布）和慢速移动它，会产生完全不同的效果。正如你将看到的，速度真的能产生根本的差别。

警告！

这个抽桌布表演需要反复练习才会成功！基于这个原因，请不要在表演中使用一些你或家人介意打破的物品。

此外，材料不同也会产生差别。日常用的桌布通常有褶边，当你拉物品下面的桌布的时候，褶边会钩住并带动桌子上的物品。在抽桌布实验里，你必须使用没有褶边的、光滑的布作为“桌布”。最简单的解决方法就是去布料店或者大型百货公司购买光滑的零头布料。你也可以使用家里不再用的桌布，沿着一侧的边缘剪下褶边。然后确保无褶边的一侧放在后面，以便你的表演能成功。

考虑到是第一次练习，可以用一些不易碎的物品，一旦掌握了技巧，可以改用瓷器和玻璃器皿。

实验：经典的抽桌布表演

材料

- 一块足以覆盖你桌子的没有褶边的布（不是一块真的桌布）
- 一张小桌子，不要超过760毫米的长度
- 各种重量并且底部光滑的盘子、玻璃水杯、酒杯、银质餐具、宽底花瓶和水果盘
- 硅质润滑喷剂（在五金商店和汽车用品商店可以买到）

如何操作

步骤1： 把桌布铺在桌面上，让桌子比平常使用时的距离更接近你。在桌上只留600毫米宽的布，剩余部分悬挂在最接近你的一边。把所有的皱褶弄平整。

步骤2： 如果乐意的话，可以在玻璃杯、盘子和其他餐具的底部轻轻涂抹一层硅质润滑剂。它可以在这些物品的表面增加一个薄的、低摩擦的涂层，让布滑落起来更容易。然而，这不是必需的。

步骤3： 将杯子、盘子、玻璃杯和餐具安排在桌布上图示的地方。第一次尝试的时候，将这些物品摆放在尽量靠近桌子边缘的地方，这样可以减少任何可能的掉落或破损情况。掌握了其中的窍门后，可以把这些物品移动到离你更远的地方，同时也可以加一盘水果、一瓶水或鲜花等。

步骤4： 保持站立，这样可以方便你的手臂向下拉，然后优雅地远离桌子。抓住桌布的边缘，快速拉动让它均匀地离开桌子。这个实验的关键是要快速地向下拉动桌布。

注意： 把桌布往下拉的同时需要将它抽离桌子，这是很重要的。试图将桌布直接拉出而没有任何的向上运动是非常困难的，但任何的向上拉动都会将桌上的物品抬起，这足以导致所有的物品摔落。通过下拉，你可以确保桌布在设定的位置下面只有横向移动。

实验：下落的鸡蛋

抽桌布表演的一个经典演变就是有时被称为“下落的鸡蛋”或者“鸡蛋掉进玻璃杯”的表演。把一个盘子或厚纸板放在4个装满水的玻璃杯上面。盘子上面平稳地放着4个短纸管，而且在每个纸管上方有一个鸡蛋。对准放好后，猛烈地撞击盘子的一侧，使纸管飞出去，4个鸡蛋将精确地下落到在它们下方的4个玻璃杯中。我们认为用扫帚柄撞击托盘更引人注目，而且更简单。

材料

- 4个几乎装满水的玻璃杯，要足够大，可以让鸡蛋掉进去
- 一张300毫米×300毫米的瓦楞纸板或者一个薄的盘子（一开始最好用纸板）
- 两张216毫米×280毫米的纸（任何种类的都可以）
- 透明胶带
- 4个鸡蛋（高尔夫球也可以）

工具

- 厨房工作台或结实的桌子
- 剪刀
- 一把长柄扫帚（保证刷毛强有力且灵活）

如何操作

设置

步骤1： 在靠近桌子或厨房工作台的边缘放置4杯水，让它们构成一个正方形，每杯水之间相距50~75毫米。

步骤2： 使用剪刀，剪一张300毫米×300毫米的纸板（如果你不使用同样大小的盘子）。把纸板放在玻璃杯上面，让纸板的一边超出桌子或工作台边缘大约75毫米。如果需要的话，移动玻璃杯使其尽量靠近桌子边缘。如果使用盘子做这个实验，请确保它的边缘是向上的，而不是向下的。这样，盘子从玻璃杯上滑落的时候就不会撞到它们。

步骤3： 使用剪刀剪4张纸，每张大约宽100毫米，长130毫米。把纸卷成圆筒形，用胶带粘好，这样就做成了一个100毫米高、直径大约30毫米的纸管。

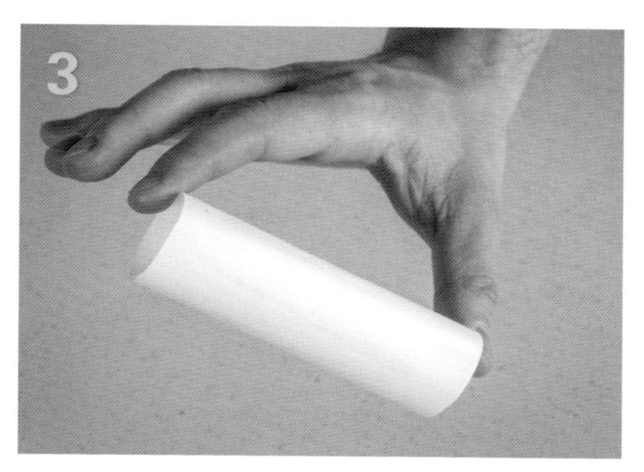

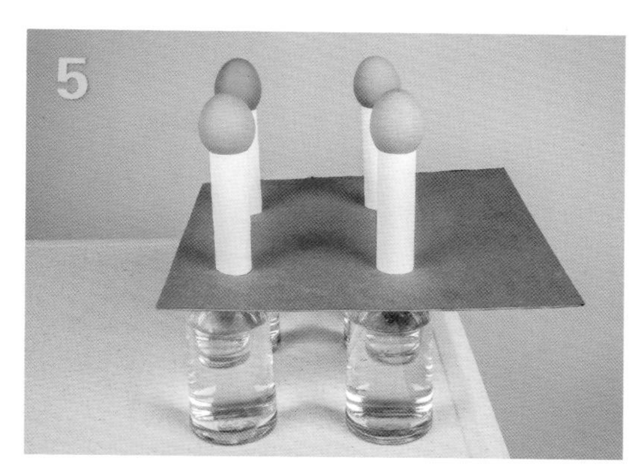

步骤4： 让每个纸管都竖立在纸板或盘子上，直接对准下面装满水的玻璃杯的中心。

步骤5： 在每个纸管顶部小心、平稳地放一个鸡蛋，让它们竖立着。当这步操作完成后，看上去应该像步骤5的图片。

注意： 第一次练习这个表演的时候，你可以选择煮熟的鸡蛋，如果出现问题，可以减少麻烦，便于清理。一旦你掌握了窍门，使用生鸡蛋会更令人兴奋。

下落

步骤1： 抓住扫帚，站在离桌子半米远的地方，使扫帚柄与桌面之间保持一个较小的夹角。然后，将刷毛压在地板上，以便弯曲扫帚使其远离桌子。

步骤2： 继续抓着扫帚，让刷毛保持弯曲并压向地板。同时，往回拉扫帚柄，扫帚朝着桌子方向下倾，直到它以一定的角度稍稍远离桌子。

步骤3： 扫帚继续向前下倾直到刷毛弯曲至桌子边缘的下方。让扫帚柄和突出来的300毫米×300毫米的纸板或盘子的中心在一条直线上。确保扫帚柄向后弯曲，和纸板相距200～300毫米。

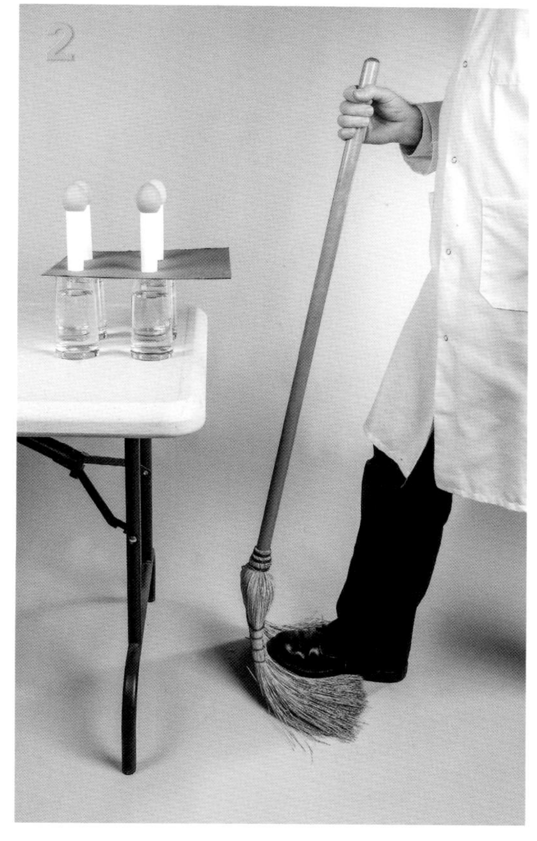

步骤4： 用一只脚踩住弯曲的扫帚刷毛，安全地控制住它们，把扫帚柄拉离桌子几厘米来增加张力。

步骤5： 不需要移动脚，松开扫帚柄。这时扫帚柄摆脱了手的束缚，朝着桌子撞过去。如果物品摆放正确，那么扫帚柄将撞击纸板突出的边缘，导致纸板从鸡蛋下面飞出。扫帚柄接着将撞击桌子的一边，紧接着会发出令人满意的“哒哒”声。纸管将跟着飞落，4个鸡蛋全部整齐地下落到4个水杯中。哈哈，实验成功！

实验：下落的高尔夫球的连锁反应

是时候让水平提高一级了。这次你利用下落的高尔夫球来击倒第二根管子，让第二个球下落，接着击倒第三根管子，让第三个球下落。与前面的实验不同，表演这项绝技需要像鲁贝·戈德堡一样去设置轨道。谁是鲁贝·戈德堡？那些喜欢这个绝技的人请自行去了解他！

材料

- 3个直径为89毫米的Y形PVC接头（45度的Y形连接），可以在管道供应店和五金商店买到
- 胶带
- 一个纸巾筒（空的）
- 盒子、桌子或其他可以提高装置高度的物品
- 2张80毫米×40毫米的纸板
- 3个卫生纸卷筒（空的）
- 1张100毫米×150毫米的纸板
- 3个高尔夫球

工具

- 剪刀

如何操作

步骤1： 转动每个Y形PVC接头，使一个孔朝上，而另外两个孔朝下。在每个Y形接头内，粘贴一条胶带，这样当高尔夫球下落通过时将进入倾斜的侧管，而不是下落到直管中。

步骤2： 使用剪刀将纸巾筒沿纵向剪成两半，使它成为半圆形的轨道。这就是高尔夫球滚下来的轨道。

步骤3： 使用盒子和一个矮的咖啡桌，建立一套两层结构的装置来放置Y形接头。每一层和它的下一层相距300毫米，高度大约相距250毫米。每一层放一个Y形接头，第三个Y形接头放在底部。

步骤4： 在每一层建立一个连接Y形接头的轨道，以便每一个高尔夫球下落的时候能够从Y形接头的一侧出来。使用胶带，将一个半圆形轨道贴在上面的两个Y形接头的中间。轨道将会引导球从第一个Y形接头的一侧出来，直接进入第二个Y形接头的顶部。重复上面的步骤，将第二个半圆形轨道贴在第二个Y形接头的一侧到第三个Y形接头的顶部。

调整每个半圆形轨道，确保球能顺利下落到下面的Y形接头中。如果半圆形轨道的末端过低或者没有对齐，球可能会跳过下一个入口。

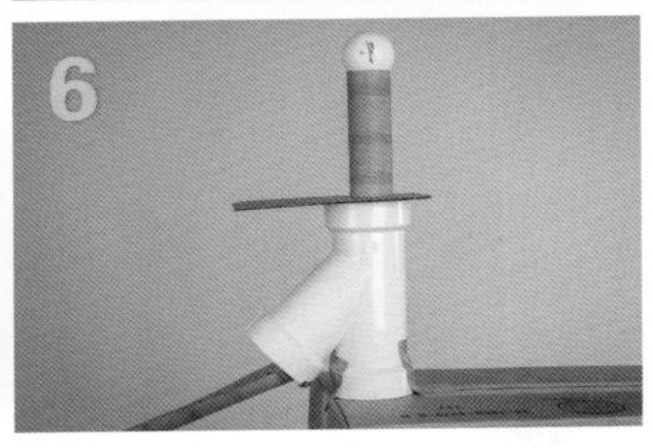

在这一点上需要测试一下球的运动轨迹，确保高尔夫球能顺利通过整个路径。根据需要，调整PVC管和半圆形轨道的相对位置，或者减小每一层之间的坡度（让球减速）。

步骤5： 使用剪刀剪两张80毫米 × 40毫米的纸板。沿纵向剪开3个卫生纸卷筒，使每个纸筒通过收紧变细，直到它的直径为40毫米。在每个纸筒外面贴一层胶带以防止它展开。这些小直径的纸筒可以确保高尔夫球待在其顶部，而不会掉到纸筒里面。

把一个纸筒的底部用胶带贴在一个80毫米 × 40毫米纸板的中间，这样纸板就成了基座，可以让每个卫生纸卷筒直立起来。将第二个纸板和第二个卫生纸卷筒按同样的方式组装好。它们将位于下面两个Y形接头的上方。

步骤6： 使用剪刀剪一张100毫米 × 150毫米的纸板，把它放在最上面的Y形接头的顶部，让最后一个卫生纸卷筒立在上面，与下面的Y形接头的轴线在同一条直线上。

步骤7： 将两个固定好纸筒的纸板分别放在第二和第三个Y形接头中心的上方。在每个纸筒上面放一个高尔夫球。

步骤8： 到表演的时候了。用手猛击第一个纸筒下面的纸板，就像上一个实验中的扫帚那样。球应该笔直地掉进第一个Y形接头内，然后沿着第一个半圆形轨道滚落，击倒第二个Y形接头上的纸筒。接着第一个球（第二个球紧跟着）继续进入第二个Y形接头，两个球先后沿着第二个半圆形轨道滚动，击倒第三个Y形接头上的纸筒。最后，3个高尔夫球都掉进了第三个Y形接头，然后一个接一个地出现在了地板上，扑通，扑通，扑通。

这是一个奇妙的装置，你可以采用下落的鸡蛋的点子建立新的连锁反应装置。你还能想出什么别的实验装置？

8

科学原理

为什么桌上的物品没有随着桌布一起移动，或至少没有跌落呢？怎么才能重击鸡蛋下的纸板而不让鸡蛋移动到一侧？特别是，为什么最好要快速地移动桌布或者纸板，什么情况下更大的力可能会更容易影响到上面的其他物体？

首先，存在惯性：如果不受外力作用，静止的物体将一直保持静止的状态，运动的物体将一直保持运动的状态。牛顿第一运动定律用略微复杂和精确的术语描述了这种现象。因此，由于惯性，静止的东西只会停留在原地，除非我们以某种方式推动或拉动它。

当我们拉桌布的时候，一个表面在另一个表面滑动时会产生阻力，这是摩擦力在起作用。在桌布和餐具之间产生了摩擦力，它会拖动餐具朝着另一个方向移动。

到底哪一方会赢？是惯性让餐具保持静止的状态还是摩擦力将它拉离桌子边缘？

如果能克服桌布产生的摩擦力，惯性会将餐具保持在原位，这样桌布就会顺利地抽离桌子。

第一件事是创造一个光滑的环境。一块光滑的桌布或者一些硅质喷剂能减少摩擦，增加成功率。在下落的鸡蛋这个实验中，虽然不能使纸板更光滑，但你能使纸板更快速地被撞出去。

其次，速度是另一个重要的因素。快速拉动将减少施加在餐具上的摩擦力的作用时间，再一次让速度来战胜摩擦力。

最后，一套比较重的餐具能产生更大的惯性（需要更大的力量去移动它），因此，它更有可能留在原地。但是如果太重的话，你就很难战胜它施加到桌布上的压力。例如，想象一下从汽车轮胎下快速拉出桌布将会是多么困难的一件事。

因此，在理想的情况下，对于这个拉桌布表演，要选用重一些的物品（但不是像汽车那样重），这样它们的惯性（让它们保持原来的位置）相对比较明显，摩擦力相对较弱，可以让桌布快速从它们下面滑出。

一旦桌布离开，或者一旦你从底部击落了纸板卷，重力将拉动物品直线下落。幸运的是，它们会下落到你希望的位置：餐具留在桌子上，鸡蛋掉进水杯，或是高尔夫球进入多层Y形接头装置。

第7章 永远飞行的纸飞机

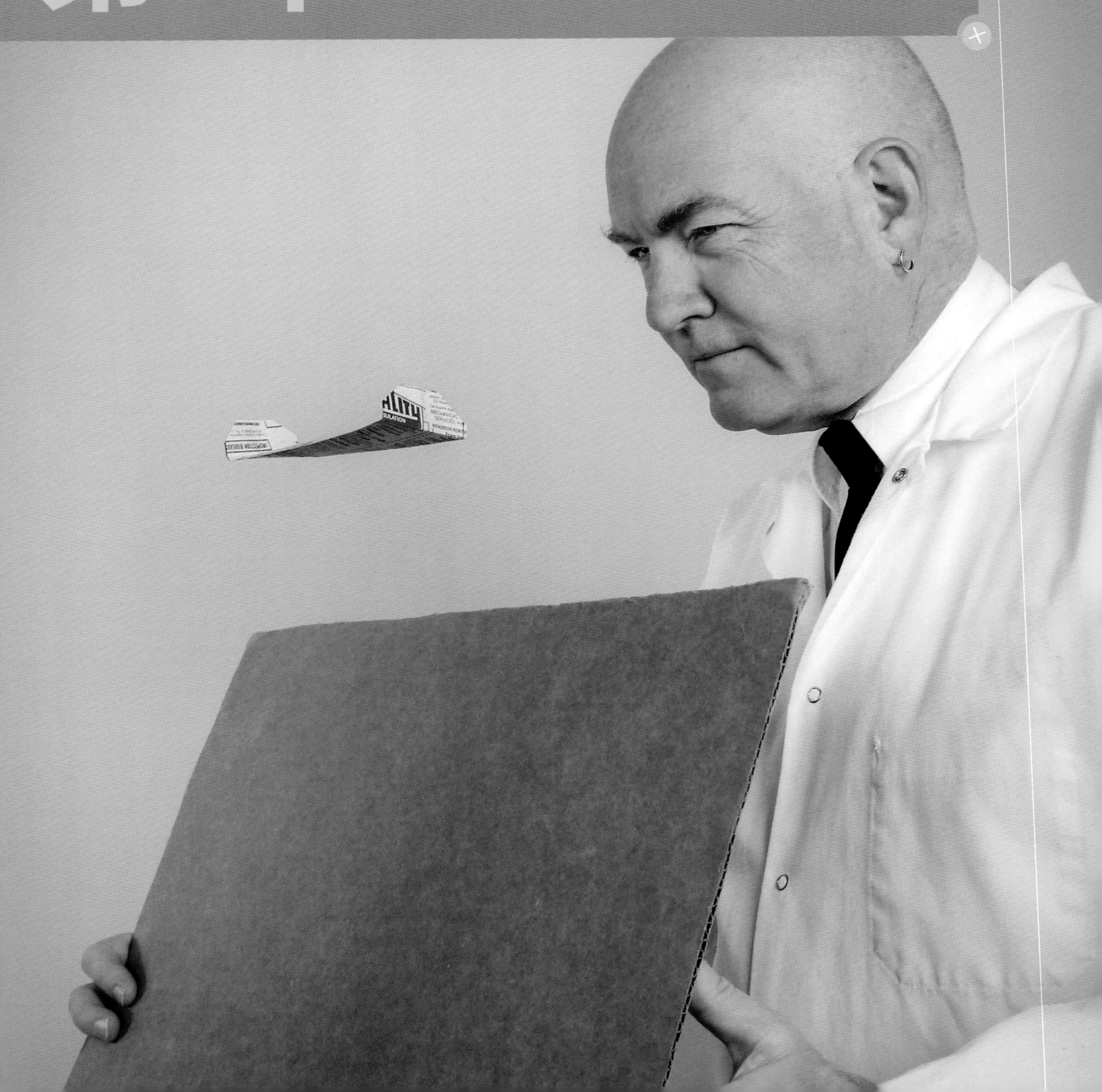

一架纸飞机能停留在空中多长时间？5秒？10秒？（看似）永远飞行怎么样？在这个实验里，纸飞机的制作超级简单，它将比你曾经见过的任何纸飞机都飞得远。

工作原理

这种飞机是被称为“跟飞飞机”的简单版本，只要你跟着它走，它将永远停留在空中。它的设计与众不同而且非常有效，当纸飞机大师约翰·柯林斯在一个纸飞机节上第一次带着这种飞机进行“时间长度”竞赛时，主办方不得不改变了竞赛的规定：取消了这种类型飞机的参赛资格。

理论上，只要你不断地行走并操纵它，这种飞机将一直飞行。不过，要想使这种飞机成功飞行数千米，你将需要一个非常平静的、无风的夏日，否则你只能在体育馆内绕圈。

这里有许多关于跟飞飞机的设计模型，其中包含了一些精心设计的看上去像真的一样的飞机——甚至有逼真的螺旋桨。这种设计是由约翰·柯林斯发明的，被称为翻滚翼，它也是最便捷和最容易制作的一种飞机。

怎样才能让纸飞机一直停留在空中？你见过海鸟稳定地盘旋在大海上吗？你见过鹰或秃鹫不用扇动翅膀就能翱翔在山谷吗？

当气流遇到斜坡被迫向上时，就会出现山脊上升气流或者斜坡气流。海风遇到山或悬崖可以产生连续的山脊上升气流，飞鸟知道这一点，它们可以依靠这些气流在空中飞行很长一段时间而不需要扇动翅膀。

当你拿着一张大纸板跟随着纸飞机行走的时候，就会给你的纸飞机带来斜坡气流。

山脊上升气流、涨潮和跟飞飞机

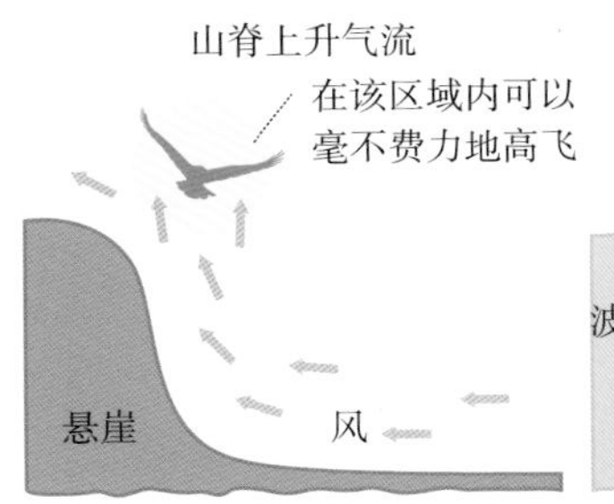

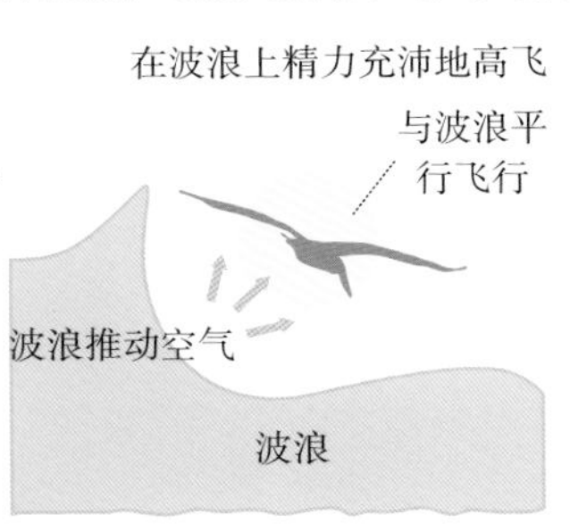

实验：永远飞行的纸飞机

材料

- 在这一页上的纸飞机图案或者从互联网上获取纸飞机图案
- 216毫米×280毫米打印纸
- 一张电话簿纸
- 透明胶带
- 600毫米×600毫米或更大的纸板

工具

- 剪刀
- 打印机

如何操作

步骤1：复印下面所示的纸飞机图案，并剪下来。你也可以从互联网上下载图案，打印出来。

步骤2：将电话簿翻到不重要的页面，将纸飞机图案放在上面。电话簿纸作为这次纸飞机的实验用纸重量正合适，因为它比较薄。一般的纸张就太重了。

使用两个小的透明胶带，将纸飞机图案的底部贴在电话簿纸上。然后使用剪刀，沿着图案剪下来，得到一张被剪掉角的长方形的电话簿纸。因为使用胶带将图案贴在电话簿纸上，所以留下了两小块有胶带的区域没剪掉。现在让这个图案和电话簿纸贴合在一起，这样你能够沿着图案上显示的虚线将它们一起折叠。

步骤3：将两端向上折90度，大概离开底边38毫米的距离（图案上画虚线的位置）。

步骤4：沿着图案下面的虚线，将一边（将成为重要的一边）向下折45度，将另一边（将被带动的一边）向上折45度。

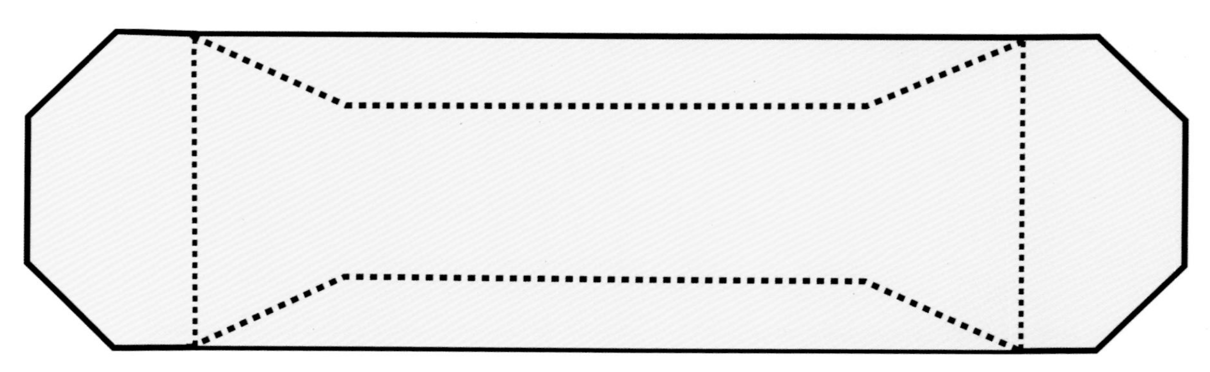

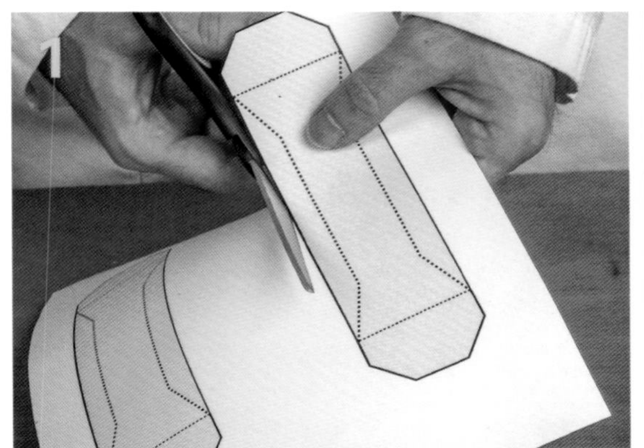

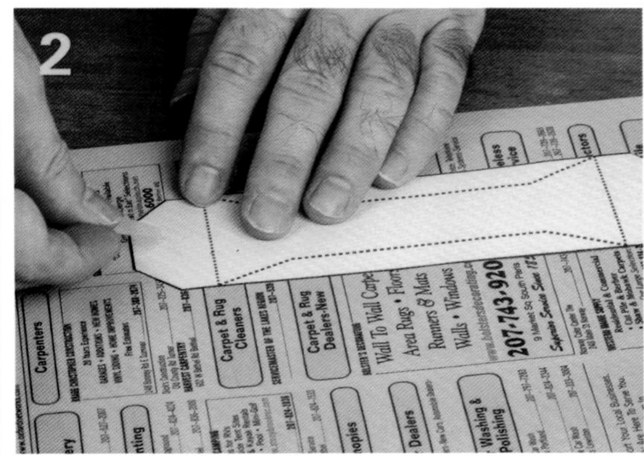

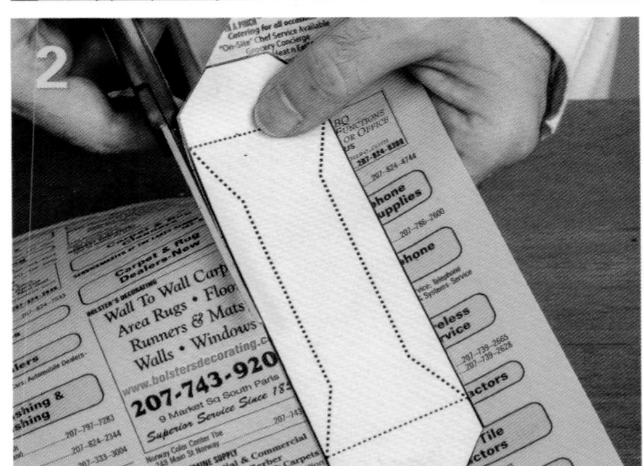

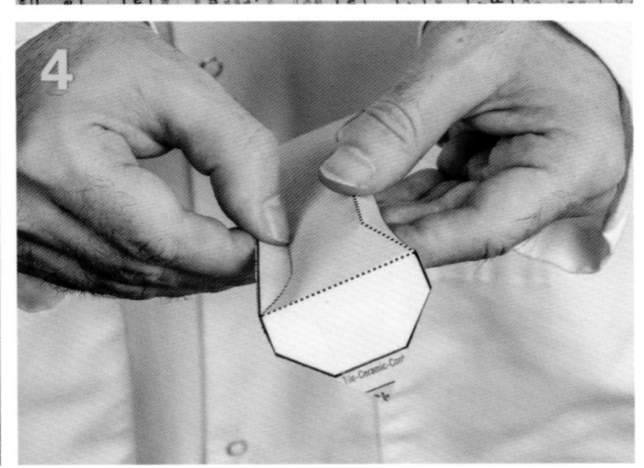

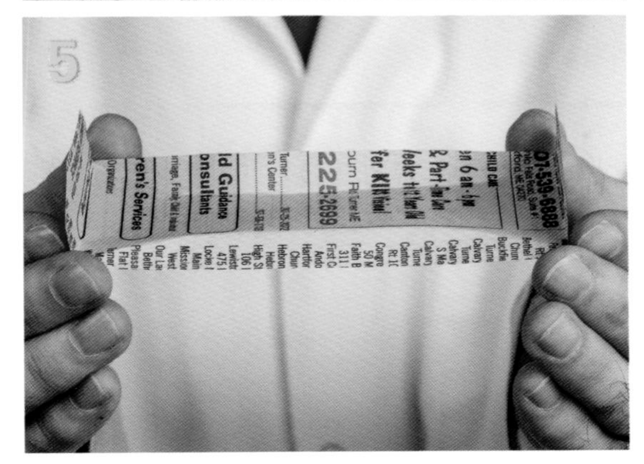

步骤5：现在纸飞机折好了，你可以剪下胶带贴住的两块地方，把图案和电话簿纸分开。当你取下图案后，你的纸飞机也就完成了。

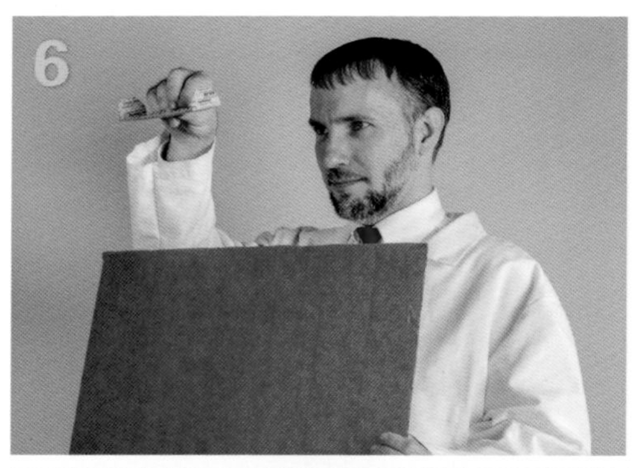

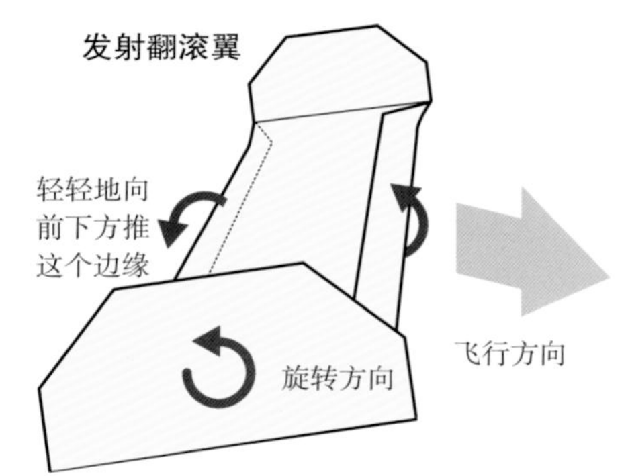

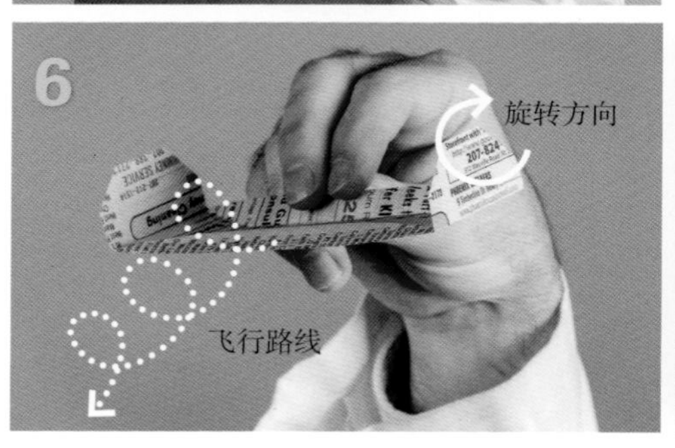

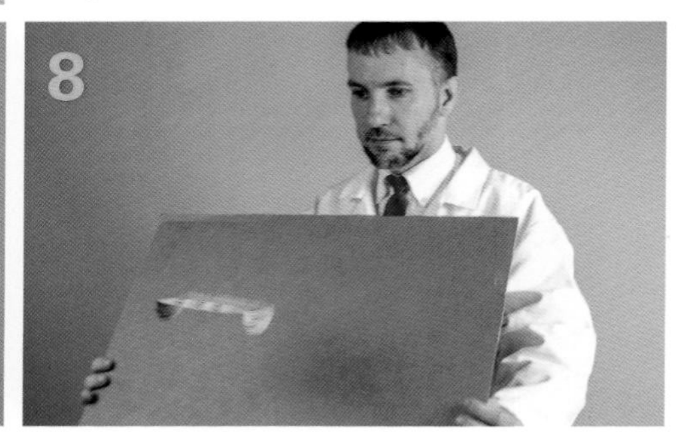

步骤6： 将翻滚翼的后缘（长的、背面向上倾斜的机翼）中心控制在你的拇指和食指之间。用另外一只手控制一块大纸板，让它一开始直立在你前面，然后稍微向后倾斜20～30度。纸板的上部边缘应该大约在你肩膀的高度。

步骤7： 抓住翻滚翼，让它高出纸板上部边缘250～300毫米，并在水平方向上与纸板保持200～250毫米的距离。然后，松开翻滚翼，并轻微向前下方推动。你可以推动后缘，控制它向下和向前，以便翻滚翼向前下方下落的时候，自身开始反向旋转。

步骤8： 松开翻滚翼，将纸板抱在身前，开始缓慢地向前走。这样将在翻滚翼下面形成一股上升气流，让纸飞机保持在空中。如果你左转或右转，纸飞机也会跟着转动。通过走一个大的圆圈或8字形，你能够让纸飞机暂时保持在一个相对小的空间内飞行。

注意： 可以通过实践掌握窍门。常见的错误就是禁不住诱惑，把纸板倾斜更大的角度，试图从下面“抬起”纸飞机。记住不要这样做。纸板需要接近垂直来获得必需的斜坡气流。如果纸飞机下落太快，你可以走快一点，但是不要向后倾斜纸板。如果发现翻滚翼自身向一侧翻转，检查一下，以确保两端尽可能地垂直。如果翻滚翼的角度过于朝里或朝外，纸飞机将转向一侧。

斜坡气流是一种常见的现象。在海鸥毫不费力地迎着风盘旋在沙丘或悬崖之上的时候，或者在猛禽沿着山脊翱翔数千米而不需要扇动翅膀的时候，我们最容易观察到它。

在海上，鹈鹕、信天翁和一些其他的海鸟利用斜坡气流滑翔，和我们利用纸板让跟飞飞机保持在空中，基于完全相同的原理。换句话说，流动的空气不仅会冲击静止的悬崖或者山脊，也会作用于波浪的斜坡，这时就会在每个波浪的前面产生一小团上升气流，于是一些海鸟利用这股上升气流进行滑翔。

在海岸上，翻滚的波浪撞击着海岸，鹈鹕会乘风破浪，沿着波浪平行飞翔，因为正前方有一股上升的斜坡气流推动着它，所以鹈鹕不需要在空中消耗能量。

信天翁是掌握这种飞行技巧的飞行大师。信天翁是世界上最大的飞行鸟类之一，它的翼展达3.6米，重达11千克，让这么大的体重保持在空中是一个壮举。一旦升空，信天翁能在空中停留和飞行数千米而不需要扇动翅膀，它会利用这种斜坡气流穿越海洋。

斜坡气流是强大且可预测的。滑翔机飞行员同样也是利用这种气流使自己停留在空中。地球的地质特征可以形成大面积的斜坡气流，飞行员驾驶着无动力滑翔机（重达680千克），几乎可以无限次地飞行。滑翔机飞行员必须掌握在斜坡区域的飞行技术。为避免疲劳驾驶，目前滑翔机比赛已终止高空时间竞赛。滑翔机距离比赛通常要求选用往返路线，熟练的飞行员已经能够完成长达1600千米的无动力往返飞行。

跟飞飞机和翻滚翼

鸟类利用斜坡气流已有上百万年时间了。自从中国人开始制造纸张，纸飞机就存在了，但那时还没有利用斜坡气流放飞的纸飞机。20世纪50年代，约瑟·格兰特在1955年取得了第一个跟飞飞机的专利，跟飞飞机专家泰勒·麦克雷迪在1992年获得了改进设计的专利。这种跟飞飞机实质上是模仿鹈鹕在波浪上面的飞行。

利用手中的纸板来推动空气，在一定的区域内产生连续的斜坡气流，这和移动的波浪产生的上升气流是完全相同的。跟飞飞机飘浮在上升的气流中，就像一只鹈鹕飞行在波浪前面。

跟飞飞机与翻滚翼飞机类似，它被设计成能够向前稳定下降的。通过调整步行的速度和纸板的倾斜角度，可以在你前面产生上升气流，推动翻滚翼飞机，使其上升速度与下降速度保持相同，这样，它在向前运动时就能停留在同一高度。如果你走得太快，翻滚翼会上升，越过纸板；如果走得太慢，翻滚翼将从移动的斜坡产生的上升气流中掉下来，摔在地板上。

翻滚翼飞机仅仅是跟飞飞机的一种。另外，泰勒·麦克雷迪还采用创新设计，仅使用额头来产生斜坡气流，让跟飞飞机在他前面飞行，看起来像真正的悬浮。

第8章 蜘蛛网错觉

你想过奇迹般地穿过一张巨大的蜘蛛网而不让它碰到你吗？这个有趣的实验可以让你制作一个视频，视频中你站在用胶带做的一张网后面，从门口伸出头来。当你向前走，穿过胶带时，你好像和网逐渐融合在一起，直到你突然走到这张网的前面。

工作原理

二维图像（比如视频）把三维的实体变得平面化，强迫我们的大脑去猜测关于我们所看到的事物。当我们看见跟随的头像时（参见第1章），我们的大脑会误解它所见到的，特别是当我们根据物体在图像上占用了多少空间和它们所处的环境，去猜测二维图像中的物体到底有多大的时候。

正因为这样，我们的大脑才会被欺骗。彼得·杰克逊拍摄的电影《指环王》就利用了错觉。他的电影在某种程度上就是诱使我们认为所有那些成人演员扮演的霍比特小矮人比他们实际要小很多。这种光学错觉被称为强行透视。

采用正确的照相机视角，并对齐物体，巨大的泰姬陵就可以显得足够小，让人仿佛能够很容易地触摸到它的顶部。

在下面的实验里，将使用强行透视技术使图像看起来像一张蜘蛛网交织在门口。事实上，它是两张单独的网，只是看起来像一张而已。

实验：蜘蛛网错觉

这种错觉实验需要在门口有足够的空间可以让一侧的摄像机捕获整个门口的图像。在本文的照片中，我们使用了一扇双开门使强行透视错觉更强烈，但是单开门也同样可以。这个实验需要两个人：一个人制作网；另一个人通过观看摄像机，从旁指导制作者。

材料

- 一卷胶带（蓝色涂漆的胶带用起来特别好）

工具

- 一台带三脚架的摄像机
- 一个梯子或一张凳子（可以到达门框顶部）
- 两盏灯（可以调节视频的光线）

如何操作

步骤1： 把摄像机放置在三脚架上，与门形成一个角度，并且将其放置在远离门的右侧，这样整个门就会呈现在图像里。通过图像中的视角可以为摄像机确定一个很好的位置。一旦你确定了摄像机的位置，不要移动它或变焦，它必须从现在开始保持在固定的地方。

注意：把摄像机放在门口的哪一边都没关系。但是，如果将摄像机放在门的左边，那么下面列出的方向将会相反（就是左边的变成右边，右边的变成左边）。记住，我们下面给出的所有的方向是在摄像机的角度看的。因此，在我们说“左边”的时候，我们所说的左边是以站在摄像机后面的人看着门口的视角。

步骤2： 开始制作胶带网，一是从门框的中心到地板连接胶带，二是从门框的中心到顶部的角落连接胶带，它看起来像你制作的一个和平标志。

步骤3： 现在填补右侧和顶部的网，从网中心到地板呈放射状粘贴很多胶带条，然后把短的胶带条围绕在网的周围。

这是摄像机将看到的

这是你实际将要创建的

步骤4： 下面是最棘手的部分。将胶带沿着墙贴到门框后面并超出门框的范围，这样从摄像机的角度观察，看起来就像你完成了一张网。如果在门的左后方有一堵墙存在，那就容易多了（如图片中所示）；但如果没有，你可以把一些家具放置在门的后面，以便将胶带粘到家具上。

先将一长条胶带贴在左侧门框上。一个人（制作者）拿着胶带回到房间靠墙（或家具）的位置，另一个人（指导者）观察摄像机的取景器，并告诉制作者将胶带向上或向下移动，直到胶带看起来像到达了网中心。

因为左边胶带的末端比其余的胶带更远离摄像机，所以在摄像机中看起来这些胶带显得更细。从门框开始的同一位置稍高一点或稍低一点处，贴上第二条长胶带，如果需要，可以贴上第三条长胶带。在一个渐进的角度，用胶带将左边第一条胶带加宽，但在取景器中，这将使整张网上的所有胶带看上去好像有同样的宽度。此外，指导者还需要通过取景器，指导制作者如何定位胶带来达到这一效果。

步骤5： 用同样的方法，继续沿墙填满蜘蛛网的左下方，指导者向制作者指示每条胶带的方向。像上一步那样，蜘蛛网的每一根“丝”实际上是由多条胶带组成的，并且到远处结束的地方变宽，但是它们在取景器中看起来具有相同的宽度。

步骤6： 不断调整，直到在取景器中看这张蜘蛛网比较顺眼，然后使用两盏灯调节光线，尽可能将灯布置在整张网的对面。如果有一部分看上去比其他地方明显更亮或者更暗，则会削弱我们的错觉。经过实验我们发现：一盏灯照射门框上的蜘蛛网，另一盏灯从后面照射延伸到门框外的蜘蛛网，这样效果更好。

步骤7： 按下录像按钮！如果你准备利用蜘蛛网错觉和朋友们开个玩笑，那么马上用摄像机拍摄下来播放给他们看。把你自己步行穿越蜘蛛网和来回扔东西的动作都拍下来。还有什么你能想到的？全都用摄像机记录下来。一旦有了这段视频，你就可以考考你的朋友是否知道你是怎样做到的了！

科学原理

利用强行透视错觉是制作看起来像在攻击你的玩具恐龙或者让你看起来像楼一样高的一种很好的方法。它的原理是什么？全都是因为摄像机只有一只“眼睛”，而我们有两只眼睛。

就像“跟随的头像”（参见第1章）里面提到的，我们的两只眼睛给我们带来与拍摄的视频略有不同的世界，这可以帮助我们判断景深。3D电影给观众的每只眼睛发送略有不同的图像，模仿我们的眼睛在三维环境里的工作方式，但是一个普通的摄像机只有单一的视角，它所看到的一切都是存在于同一个平面上的。眼睛的“双目视觉”能帮助我们分辨远近。举个例子，人眼可以区分在一个人后面很远地方的一棵树，但是一台摄像机产生的二维图像可以使树看起来像是从人头上长出来的。

大部分时间里，二维图像很管用。我们的大脑利用经验和其他线索来判断相对景深和物体之间的相互关系，然而，当物体以特定的方式排成一行时，我们的大脑就会上当，使二维照片看起来好像人的手指碰到了泰姬陵的顶端（见本章开头）。

为了产生强行透视错觉，有两个重要的组成部分不可或缺。首先，我们需要对齐分离的物体，让它们看起来彼此相关。其次，我们需要移开所有会破坏错觉的东西（例如，如果两个物体亮度不一样，那就会泄露秘密）。

在《指环王》里，彼得·杰克逊让扮演小霍比特·弗罗多的伊利亚·伍德比扮演正常人巫师甘道夫的伊恩·麦凯伦离摄像机更远。但如果这是他所做的全部，那么弗罗多将只会出现在远方，所以杰克逊用其他方法加强了错觉，比如放置一个超大号的杯子在弗罗多旁边。他也努力使出现的演员们彼此看着对方，即使他们相距很远。在这种错觉中，我们看不到的东西同样重要，如地板。如果我们看到了伍德和麦凯伦之间宽阔的地板，我们立刻会意识到他们相距很远。

你自己想尝试一下这个实验吗？这里有个简单的例子。录制一段视频，一个人假装推一个盒子，而另一个“巨人”站在后面看。你需要的只是几个盒子和一台摄像机。从摄像机所看到的每件事物都正好排成一排。

左下方是一张这个实验在具体展示时每个人的实际位置的照片。

不要显示地板，那将破坏错觉。关于强行透视的实验，看看你还可以想出来什么。

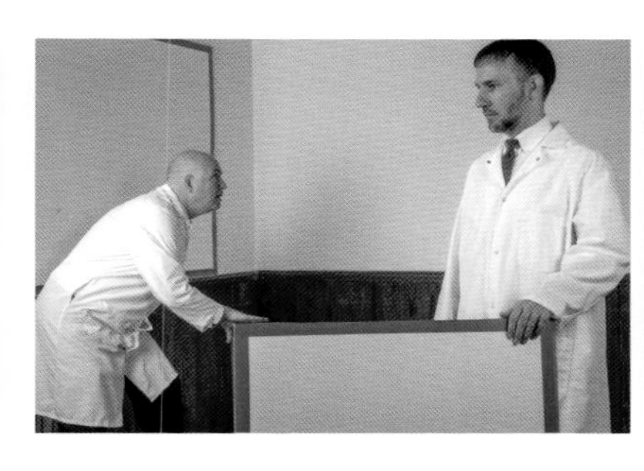

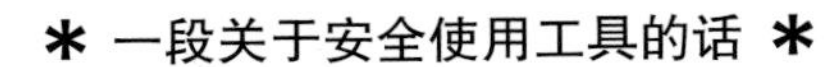

* 一段关于安全使用工具的话 *

在本书Ⅱ级和Ⅲ级中的许多实验涉及电动工具，相当一部分用于抛射体，其中一个工具是用于发射和制造亿万个飞溅火花的装置。

如果细心操作，这些电动工具都十分安全。但是往往同一件事情，能正确地使用这些电动工具就会变得非常有趣，如果粗心的话，它们会变得有点危险。

如果不谨慎使用的话，几乎所有的电动工具都可能会造成危险。这并不意味着你不能使用电动工具，只是在使用的时候，你的头脑里需要有安全意识。

这本书里的实验同样如此，对于自己需要探索的一些事情，你将不可避免地亲自动手。把安全记在心里，在开始行动之前，做最后的安全检查。问问自己，有没有可能会出错的地方。如果你加热或点燃东西，问问自己，这些东西会不会引发意外的火灾，如果出现意外，应尽可能把危险降到最低。如果正在制作一个抛射体，问问自己，如果发生误发射或者装置在发射时发生解体（初期的原型经常会这样）的话会引发什么事故，准备好应对这样的事故。如果正在制作你将骑行的模型，要确保它有紧急制动的方法，并且有当你骑行在上面的时候模型发生解体的应对方案。

通常，在开始实验之前应该总是想着还有什么可能会出错，而且在开始之前，应有一个方案去应对这些事情。

最后，关于保护眼睛的一个建议。我们喜欢护目镜的外观，并且戴上它出现在我们的视频中，它可以保护我们的眼睛。你也应该这样做。

美国职业安全与健康管理局估计，每天大约有1000名美国人患眼外伤。这意味着一个月有3万人，一年有36.5万人患眼外伤。当你在瓶盖上钻孔后，一些塑料小碎片飞进你的眼睛时，可能导致大问题。不要让这类事情发生，不要成为上面统计数据中的一个。

如果出现问题，一副廉价的护目镜可以在事故中为你提供很好的保护。你可以在任何一个五金店花几块钱买一副护目镜，此外，它也让你看起来很酷。

实验服并不是一定要穿的，但是如果穿了实验服，做实验时会感觉很不错。

* 一段关于材料的话 *

下面一系列的实验将会使用木材和螺钉。大部分时间，我们使用的是廉价的25.4毫米 × 76.2毫米的木材，通常称之为钉板条。在这些实验里，我们使用“钉板条”这个词来指25.4毫米 × 76.2毫米的木材。不要被尺寸的数值欺骗，像这样的木头比广告上宣传的要小一点，因此25.4毫米 × 76.2毫米意味着它实际上只有19.1毫米 × 63.5毫米，你把它拿回家里就会发现这种情况。这是在预料中的。

我们喜欢使用干壁钉将一块块木头固定起来。它们的使用很方便，不需要一开始在木头上打定位孔，就能很好地将两块木头连接在一起。我们开始做大工程时，一般准备一盒31.8毫米的干壁钉和一盒50.8毫米的干壁钉。每当一个实验要求螺钉短于31.8毫米时，我们就使用木螺钉。

Ⅱ级

提升一个等级

第9章 可乐曼妥思喷泉

这是我们认为可以在家里开展的最酷的科学实验。每个人一生当中都应该至少做一次可乐曼妥思喷泉实验，然后，做一次10个可乐瓶喷泉的演示，实验效果会像一个迷你版的拉斯维加斯的贝拉吉奥喷泉。以上这些经历会是令人难忘的，而且制作它们真的非常简单！

工作原理

在可乐或任何碳酸饮料里都有同样的物质，那就是二氧化碳（CO_2）气体。它们在压力作用下，等待被释放。当打开饮料瓶子，二氧化碳进入空气当中，你就能听见那独特的嘶嘶声。这就是为什么当你倒可乐、啤酒或香槟时，它们有泡沫冒出来，以及为什么碳酸饮料打开后，近一小时的时间内都会持续冒气泡。这些气泡是二氧化碳不断地从液体中逸出形成的。

你可能想知道，为什么曼妥思会与碳酸饮料反应如此强烈？其实在显微镜下，每颗曼妥思表面都是坑坑洼洼的。这种坑坑洼洼的表面——而且没有其他成分在糖果中——导致了这些“喷泉”快速喷发。

当你把几颗曼妥思放进一杯可乐中，它们坑坑洼洼的表面上会马上引发反应，几乎可乐中所有的二氧化碳一下子都逸出来了。如果你在开口的玻璃杯当中进行这一实验的话，这会导致一个有趣的、短暂的、混乱的泡沫喷发。可是，当二氧化碳气体逸出的唯一路径是一个在2升瓶子上的小洞时，它们在瓶内释放的压力是相当巨大的。巨大的压力会将可乐像喷泉一样发射至6~9米的高空，这场景将会令人瞠目结舌。

做可乐加曼妥思实验时，先用一瓶可乐来了解喷泉的工作原理。我们可以一整天都做这样的实验，但最终单个瓶子的实验只是吊起你喜爱喷泉的胃口，然后制作更宏伟的喷泉。就像本次实验一样，使用了10瓶可乐的喷泉实验让我们很兴奋。当然，如果你真的雄心勃勃，那么没人会限制你做多少瓶可乐喷泉。

实验：单个喷泉

让我们开始一个小巧、简单的实验，同时它又是非常壮观的！单个喷泉实验非常有趣，在这个实验里，你全身或许能一直保持干燥，但请做好被弄湿的准备，因为这也是喷泉实验的一部分。

材料

- 一瓶室温下的无糖可乐（不要冰的）
- 6颗曼妥思
- 一张216毫米×280毫米的纸
- 透明胶带
- 扑克牌、名片或其他类似的小卡片

什么类型的可乐？

实验中既可以用可口可乐，也可以用其他品牌的可乐。

大多数人会很惊讶，所有的碳酸饮料都可以用来做实验。无糖可乐和一般可乐也能使实验进行得很漂亮，甚至连啤酒和香槟都可以，但用香槟来做这类实验贵了点。

我们建议使用无糖可乐的原因有两个。一是我们认为无糖可乐会喷得更高，因为和一般的可乐相比，它往往会有更多的碳化反应。但更重要的一点是，无糖可乐中没有糖，所以在清洁的时候，它没有一点儿黏性。当然，我们不是说无糖可乐不会造成混乱，只是说它制造的混乱会少一些。

你可以使用任何一种碳酸饮料，但是无糖可乐用于做实验真的很好。

如何操作

步骤1： 找一个合适的地方，请远离户外电线和其他不能弄湿的东西。首先可以选择一块非常平坦的地面或空的车道作为场地，摆放好所有的材料。然后打开可乐瓶，接着打开一包曼妥思，取出6颗糖。

步骤2： 把一张纸卷成管状，长度为216毫米，只要比曼妥思包装的直径大一点点，可以将糖放进去就足够了。用胶带把管子外面粘贴好，防止它展开。

步骤3： 用一只手拿一张扑克牌横放在管子底部，用另一只手把6颗曼妥思塞进管子，它们会落到扑克牌上方。

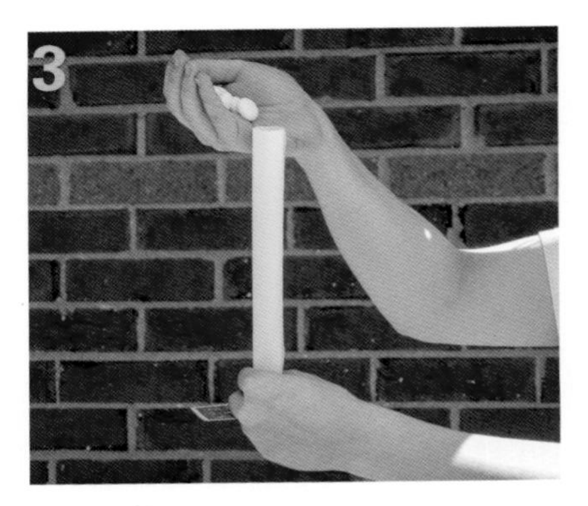

步骤4： 把扑克牌和管子放到瓶子上面，确保管子和瓶口恰好在一条直线上，并且确保扑克牌没有松开，没有曼妥思掉出来。

步骤5： 当一切准备就绪，抽出扑克牌，糖掉进了瓶里。请握住管子足够长时间，以便让所有的曼妥思都掉进瓶里。一旦它们全部进入瓶子，你就可以后退几步欣赏喷泉了。

使用温苏打水!

温度是形成巨大喷泉的关键！请使用温（至少是室温）的可乐。人们很容易从冰箱里拿出一瓶可乐并使用它，但是如果这样做的话，结果会是令人失望的。与大多数物理或化学反应一样，温度高的物质，内部存在更多的能量，这会使实验更好地进行。

我们曾经在美国的电视节目中制造了最高的喷泉。我们将可乐在32摄氏度的气温下放置了几小时，实验效果棒极了。最令我们失望的一些喷泉实验最早是在三四月份缅因州的EepyBird总部进行的，当地室温在4℃左右。最后，我们意识到温度越高效果越好，认识到这一点花了我们相当长的时间。

警告!

你可能想尝试使用热可乐，但这是不需要的，而且会发生危险，室温足够了。如果你的可乐是冷的，而你想让它热一点，只需把它放在装有热水的水槽里几分钟就可以了。不要把可乐瓶放在微波炉或者炉子上面加热!它们会熔化或爆炸，那会造成巨大的混乱甚至人身伤害。

实验：10瓶喷泉的盛大表演

单个喷泉是有趣的，有更多的喷泉那就更好了。对于这个实验，你毫无疑问要做好被弄湿的准备。

材料

- 10个额外的瓶盖
- 曼妥思（至少50颗）
- 钓鱼线或普通线
- 10个长尾夹
- 密封的塑料袋
- 10瓶2升的无糖可乐（额外再准备一些）
- 10张便利贴
- 1个转盘

工具

- 钻孔机（钻头直径为6毫米和1.6毫米）
- 通道锁钳
- 剪刀
- 图钉
- 护目镜

如何操作

制造多瓶可乐曼妥思喷泉的关键是这个特殊的自制“弹药”：当准备好表演时，你只要把长尾夹移开就可以了。这将释放曼妥思，使它们掉进可乐里，使喷泉从瓶盖上的洞眼中喷出。由于瓶盖上的洞远小于瓶口，压力会将喷泉推向高处。

碳化保护

请尽可能地多等待一会儿，晚点儿打开可乐瓶——直到我们差不多准备好引发喷泉时再打开瓶子。这就是为什么我们告诉你，制作“弹药”时需要提前使用额外的瓶盖。当“弹药”准备好，并且一切都安排好了，打开瓶子装“弹药”。这样可乐中的二氧化碳就不会在你工作的一两小时内缓慢地泄漏了。我们最期待的一些效果在第一次实验时完全没有出现，因为我们在引发喷泉前打开可乐瓶盖的时间太长了。请不要让这样的事情发生，保持可乐的活力！

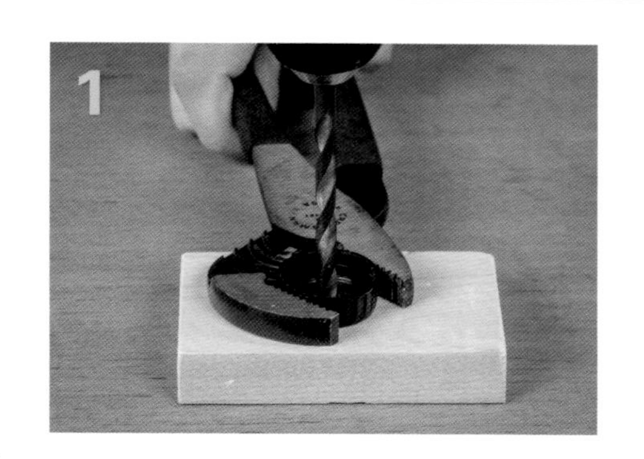

制作弹药

第1步也是最复杂的一步，在每根钓鱼线上穿5颗曼妥思，一共做10个这样的“弹药”。

基本上，每个“弹药”都是由下面这些部分组成的：一个钻有小孔的瓶盖，一定长度的钓鱼线穿过这个孔，将一些曼妥思穿在钓鱼线上，并挂在瓶盖的下面。把一个长尾夹夹在钓鱼线上，放在瓶盖孔的上面，防止曼妥思掉进可乐中。

你从哪里能得到这些额外的瓶盖去制作“弹药”呢？可以使用以前用过的空可乐瓶，当然，无论它们是不是空的，瓶盖都将成为你的“战利品”；或者从做单瓶喷泉实验的可乐瓶上得到瓶盖。

警告！

开始制作“弹药”的时候，特别是在钻孔时，不要用手握着瓶盖或曼妥思，否则非常危险。在瓶盖和曼妥思上钻孔要比想象的复杂，因为瓶盖和曼妥思比较小而且有点滑。手指不能靠近旋转的钻头。作为操作说明提醒一下，你可以使用钳子，而不要直接用手。

步骤1： 使用钻孔机，在7个额外的瓶盖上各钻一个直径6毫米的孔，在另外3个瓶盖上各钻一个直径1.6毫米的孔。这里有个最安全的方法：用一只手使用一个双通道锁钳夹住瓶盖，将它底朝天放在一块废木头上面，用另一只手握住钻孔机进行工作。记住：听从警告，不要用手去握瓶盖。

关于孔尺寸：我们已经尝试过很多不同尺寸的孔，其中6毫米的孔看起来效果最好。一个15毫米的孔能产生一个巨大的、令人印象深刻的喷泉，但时间非常短暂。而6毫米的孔不会迅速产生喷泉，但喷泉会越来越高，而且持续时间较长。在10瓶喷泉的实验中，会有额外的时间来制造这个场面。也就是说，随便你使用15毫米孔还是其他尺寸的孔来创建自己组合的喷泉都可以产生不错的效果。

步骤2： 在50颗曼妥思的中心钻一个1.6毫米的孔。再次提醒，在给曼妥思钻孔的时候，不要用手握住它们。和瓶盖钻孔方法一样，给曼妥思钻孔时，用双通道锁钳夹住它，然后把它放在一块废木头上面。

你还会注意到，糖果的一侧略平，而边上是圆的。从平的一侧钻孔，这样钻头就不太可能滑落。

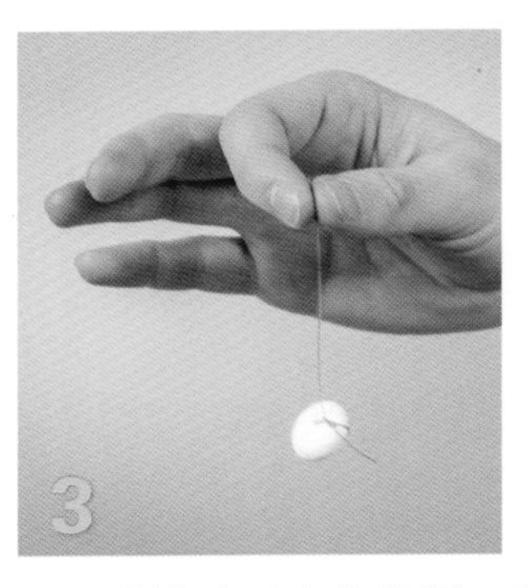

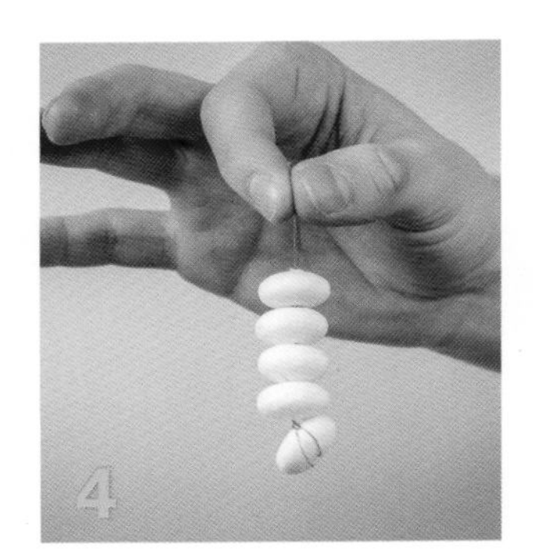

最后，一道曼妥思小数学题：每卷有14颗曼妥思，我们购买6卷一包的糖是最合算的，6卷就有84颗曼妥思。如果买2包，那么算上破损和其他的尝试，你将有足够的曼妥思来做两次10瓶喷泉实验。如果没有全部用完，你知道，曼妥思的味道还不错，你可以享用它。

步骤3： 用剪刀剪下一段130毫米长的钓鱼线，将线穿过一颗曼妥思，线通过曼妥思绕回来固定住，在其上打个结。

步骤4： 用钓鱼线穿过另外4颗曼妥思。你刚准备的第1颗曼妥思停留在最底部，这样其余的4颗可以滑落到其上方。

步骤5： 将钓鱼线的另一端穿过瓶盖上的孔，并用长尾夹固定住（在瓶盖的上面），它将在这个地方控制所有的东西。至此，“弹药”制作完成了。接着制作另外9个“弹药”，重复之前的步骤9次。

步骤6： 保护好“弹药”。我们建议把做完的“弹药”放在防水容器里，比如密封的塑料袋，直到你准备实验时再将它们拿出来。让它们躺在桌上是自找麻烦。有人可能会打翻一瓶打开的可乐，无意中浸泡你精心准备的所有“弹药”。（只是假设，不要那么做，因为这种事曾经在我们身上发生过……）

准备10瓶喷泉的盛大表演

理想情况下，把瓶子摆放在一张结实的折叠桌（野餐桌或类似的升降平台）上。这比放在地面上操作容易得多，而且看起来效果也会更好。另外，如果你使用无糖可乐，也很容易清理，只要冲洗试验区，并让它保持干燥，除此之外基本就没什么别的事情了。或者，就像我们经常做的那样，等待下一场雨来清理一切污物。

步骤1： 在便利贴上写下数字1～10，把每张带有数字的便利贴分别贴在10个瓶上，作为标签。这将帮助你通过编号给瓶子定位，从瓶1开始，一直到瓶10结束。

步骤2： 7个瓶子——瓶1、瓶2、瓶3、瓶7、瓶8、瓶9和瓶10——将使用瓶盖孔径为6毫米的“弹药”。将这7个瓶子排成两行放在桌子上。

瓶1、瓶2和瓶3放在前面一排（远离你，最接近观众），瓶1放在这一排的中间，瓶2和瓶3分别在瓶1的左边和右边。

瓶7、瓶8、瓶9和瓶10放在另一排，靠近桌子的后面（靠近你，远离观众），瓶7和瓶8放在左边，中间为转盘留下一个缺口，继续将瓶9和瓶10放在右边。不要打开这些瓶子，只是将它们放好。

步骤3： 取下瓶4的盖子，并用图钉在我们称为“瓶肩”的位置（介于瓶口和可乐的最高液面之间）钻一个小洞。将瓶盖取下来是非常重要的，这样在你开始戳孔前就会释放可乐瓶中的压力。

使用钻孔机，在刚才用图钉戳过的地方，小心地穿过塑料瓶钻一个直径6毫米的孔。在图钉戳孔的位置开始钻孔，这样可以帮助我们在钻孔的时候保持正确的位置。进行这一步的时候一定要小心，因为瓶子会

变形，钻头可能会因此而偏移。注意不要钻到你的手！

用图钉和钻孔机在瓶4的另一侧重复这一步骤，这样就有两个孔在“瓶肩”的两侧。

步骤4： 对瓶5重复步骤三，首先取下瓶盖，用图钉戳两个小孔，并用钻孔机在“瓶肩”两侧小心地钻两个6毫米的孔。

步骤5： 把瓶4和瓶5放在桌子的中心位置附近，排成一排，瓶4在中心的左侧，瓶5在中心的右侧。

步骤6： 打开瓶6，并且用图钉在“瓶肩”上戳3个孔，将这3个孔绕着圆形的 “瓶肩”均匀分布，它们在同一高度，大约在瓶颈和可乐的最高液面中间。使用钻孔机，小心地在这3个地方（一开始用图钉戳孔的部位）各钻一个6毫米的孔。把瓶6放在后排中间的转盘上，位于瓶8和瓶9之间。

步骤7： 戴上护目镜，从现在起，你将开始用“弹药”武装这些瓶子（但还没有“点火”），如果其中一个不小心掉下去，请保护好自己。

步骤8： 用曼妥思“弹药”武装瓶子！一次打开一瓶，依次打开瓶1、瓶2、瓶3、瓶7、瓶8、瓶9和瓶10，然后用装有“弹药”的瓶盖替换原先的瓶盖。轻轻地旋紧盖子，确保曼妥思不会和可乐接触、长尾夹不会被碰掉。

当你武装剩下的瓶子时要小心，不要碰撞那些已经装好的瓶子。

一旦旋紧了最早的7个“弹药”瓶，接着就把剩余的瓶4、瓶5和瓶6上的“弹药”盖（在它们的瓶盖上钻1.6毫米的孔）旋紧。对于这3个瓶子，大部分的可乐会从“瓶肩”的孔中喷出。在“弹药”盖上的1.6毫米的孔实际上仅仅用于穿钓鱼线。

警告！

在你准备激发整个喷泉演示之前，如果不小心意外碰倒了其中一个瓶子使其喷发，不要惊慌！赶紧拿起这个正在喷发的瓶子，把它放到一边，让它远离其他瓶子以及所有的人和动物，在它不会造成任何伤害的地方，让它喷发完。桌上保留其余的瓶子，如果你有额外准备的可乐瓶，可以进行替换，或者干脆就继续进行实验。

瓶6：顶部视图

喷射顺序

当你做好了喷射的准备以后，请确保观众待在合适的区域，保护好动物，比如狗，一定要看好，这样它们才不会被弄湿或到处乱跑撞倒瓶子。另外，在瓶子向着观众开始喷射的时候，确保人们有足够的空间躲闪，以防瓶子倾倒。

这里的可乐加曼妥思喷泉分5个阶段喷射，一个阶段接着一个阶段。那些便利贴作为标签贴在瓶子上是有用的：你可以从瓶1开始，按照你喜欢的方式进行到瓶10。

步骤1： 从位于第一排中间的瓶1开始表演。松开长尾夹，释放曼妥思，让它进入可乐，然后退后一步。

步骤2： 在瓶1的喷泉射到最高点后回落到大约1.8米高度时，同时喷射瓶2和瓶3（或者一个接着一个，由你自己决定）。

步骤3： 在瓶2和瓶3的喷泉射到最高点后回落到大约1.8米高度时，同时喷射瓶4和瓶5。

步骤4： 瓶4和瓶5的喷泉迅速地达到了顶峰，接着喷射瓶6并立即蹲下来（这样你就能避开喷雾）。当瓶6喷发时，缓慢地带动它下面的转盘，这样它的3股喷泉就会边旋转边喷射。

步骤5： 瓶6喷射力度一旦减弱，你就可以站起来并对瓶7、瓶8、瓶9和瓶10进行操作，让它们一个紧接着另一个开始工作。

步骤6： 你可以退后一步，观看最后4个喷泉，欣赏这最后的表演。干得不错！

变化：同一时刻喷发

这是几乎在同一时间释放一组喷泉并且同时保持干燥或者至少相对干燥的一种方法。（如果要保持完全干燥，你就得跳过由放置在转盘上的瓶6创造的惊人的旋转喷泉，那还有什么意思呢？）你所需要的是一位朋友、一些长尾夹和一根长绳。在这10瓶喷泉的“盛大表演”中，可以使用这种方法作为一种替代方案，喷射最后剩下的后排的瓶7、瓶8、瓶9和瓶10。当所有“弹药”同时“引爆”时，看起来棒极了！要做到这一点，你需要用一根绳子在4个长尾夹上分别打结将它们串联起来，每两个结大约相距600毫米，并在绳子两端大约1.2米处打结。还未准备喷射时，将瓶子在合适的位置放好，小心地用绳子上的长尾夹替换瓶7、瓶8、瓶9、瓶10上连着“弹药”的长尾夹。当你准备“引爆”它们的时候，你和你的朋友每人抓住绳子的一头，然后同时用力拉起。这将同时拉出所有的长尾夹，4个瓶子将同时喷射。

科学原理

使这些普通可乐瓶喷射如此壮观的喷泉的物理过程称为成核过程。每瓶可乐在碳酸化器的压力下，被强制加入二氧化碳气体，碳酸化器就像给汽车轮胎充气的空气压缩机一样，但是这里用的不是压缩空气，而是压缩过的二氧化碳气体。

打开可乐瓶时，可乐瓶中的压力将得到释放，在罐装厂中溶解到可乐中的二氧化碳现在开始逸散出来，逃逸的二氧化碳气体就会形成泡沫。如果你将一个打开的可乐瓶放置一两个小时，它就会持续冒泡直至所有的二氧化碳气体都释放完毕后才平静下来。当这个现象结束后，所得到的就是没有气的可乐，或者是没有任何碳酸味的糖水。

一旦瓶中的压力被释放，可乐中的二氧化碳分子就会聚集成微小气泡逃逸出去，它们完全摆脱了可乐而到达空气中。水分子喜欢黏在一起，这就给二氧化碳分子逃逸造成了一定的困难，单独的二氧化碳分子很难摆脱水分子，独自上升到瓶子的顶部。首先，二氧化碳分子必须聚集在一起，成为越来越大的二氧化碳分子群。当它们聚集在一起成为一个足够大的群时，它们就能够从水分子中逃逸并浮起来。

二氧化碳分子（像所有加压溶解在液体里的分子一样）首先在我们所说的成核位置开始聚集。成核位置在两相（固相、液相或气相）物质相互接触的地方。因此，对于可乐来说，主要的成核位置在液态可乐遇到固态的瓶壁的边缘处。然而，成核位置也会在可乐遇到空气的地方，以及在液体内部的那些不断增大的二氧化碳气泡周围，此时二氧化碳和可乐是相互接触的。

由于以上原因，可乐瓶的内表面特意做得非常光滑，光滑的表面限制了二氧化碳分子参与成核时的可用空间。对二氧化碳来说几乎没有合适的成核位置来实现成核。如果可乐瓶内部像砂纸那样粗糙，那么瓶内将会有更大的表面积，对二氧化碳来说其成核位置的数量会呈指数级增长。

换句话说，粗糙的表面是非常适合成核的。如果玻璃内表面有裂纹或者被蚀刻，你就会发现二氧化碳气体聚集在这些粗糙区域或者裂纹点上。当你把手指放入瓶子里的可乐中，就会发现许多二氧化碳气泡在你指纹的小脊缝上产生。

比较表面积的大小（用黄色显示），一个光滑的表面和一个粗糙的表面

一颗曼妥思坑坑洼洼的外表上有很多区域适合成核

瓶壁内表面越粗糙，成核位置就会越多，二氧化碳分子就会聚集得越快，释放得也越快。一般而言，喝可乐的人希望可乐中的二氧化碳保留的时间越长越好，毕竟二氧化碳是被特意放置其中以使我们能够享受到美味的碳酸饮品的。而在实验中我们希望二氧化碳尽快被释放，可能的话，甚至以爆发的方式释放。因此，我们希望可乐与一个具有非常粗糙表面的固体相遇，它的粗糙度最好是显微镜级别的。

可以证明的是，在显微镜下曼妥思表面是特别粗糙的。我们去过一座位于荷兰的糖厂，这个糖厂为欧洲和北美地区生产所有的曼妥思，我们可以看到这些糖是如何进行加工制造的。我们了解到的一件事是每一颗曼妥思都是通过喷射多达45层的微小雾滴状的液态糖而形成的。

这样的喷射使曼妥思形成了成千上万个微小的凹凸点，这些凹凸点是由硬化的液态糖组成的。对于二氧化碳来说，这些凹凸点就幸运地成为它的成核位置。

事实上，曼妥思上有很多微小的凹坑，当几颗曼妥思掉进一瓶可乐中时，所有的二氧化碳瞬间从溶液中分离，形成大量气泡，从瓶子的顶部逸出。

这就是曼妥思会导致可乐爆发得如此迅速的原因。

寻找最大的喷泉

在一开始做这个实验的时候，我们想知道能否通过使用更多的曼妥思形成更大的喷泉。如果在一个瓶子里投入20颗曼妥思会怎样？如果使用更多的可乐会怎样？如果把1000颗曼妥思投入一个装满可乐的游泳池又会怎样？

我们发现五六颗曼妥思就已经提供了足够的成核位置，可以让一个2升装的可乐瓶中的所有二氧化碳立即逸出，所以加入更多的曼妥思也不会使反应明显增强。

我们还发现，无论容器中的可乐有多少，在可乐中二氧化碳的压力都是相同的。因此，一个更大的瓶子虽然可以使喷泉的喷射时间持续得更长（因为它有更多的气泡需要释放），但是在系统中没有更大的压力，喷泉的喷射高度不会更高。

我们已经找到了产生最大喷泉的答案（当然要确保液体是温的，而不是冷的）：获得更大的二氧化碳压力。香槟的惊人之处就在这里，香槟中二氧化碳的压力更大，并且在同样体积情况下能产生更多的二氧化碳。我们获得的香槟喷泉的高度比我们所见过的可乐喷泉的高度要高出50%！

第10章 火圈

普通钢丝棉通常用于一般的工作，像擦洗锅碗瓢盆或者打磨木器等。但如果你用火点燃钢丝棉，并将它绑在绳子上绕着头顶挥舞，那将是一场惊人的旋转火花表演。

这样的火花可以有各种各样的名称：“火线”“钢丝棉烟花”“闪光点”或者“钢丝棉点”。虽然这种火花制作起来出奇容易，但是不要因为它简单而错过实验，那将是一场激动人心的表演。

不过，请注意：你在玩火！

工作原理

是的，钢丝在燃烧。

但在这个实验中的温度条件下，只有当钢丝是细小的线状物时才会燃烧，原因如下。

火是燃料与氧气迅速结合，释放热量，并由燃料原子和氧原子组成新分子的一种快速氧化过程。在这个实验里，虽然燃烧的是一种叫钢丝棉的东西，但这种特定种类的钢主要是由铁构成的，并且铁原子和氧原子结合相当容易。当铁和氧慢慢结合在一起，铁就会生锈。你在旧车上看到的那些红棕色的锈迹，实际上是由铁原子和氧原子结合在一起形成的，时间一长就成了氧化铁。

在合适的条件下，铁与氧快速结合在一起，就产生了火。是的，铁能燃烧。

实验：火圈

材料

- 一包#0（或者#00、#000、#0000）的钢丝棉
- 搅拌器（最好手柄端有金属环）
- 1.2～1.8米长的绳子
- 胶带（如果你的搅拌器手柄端没有金属环，就要用到它）

工具

- 护目镜
- 手套
- 打火机或火柴
- 灭火器

警告！

与本书中的其他项目一样，如果遵守安全规定，你就没什么好担心的。如果偏离了指示或忽略了警告内容，那么在你开始这个实验之前，花一点儿时间来认识危险。请注意，这个实验不应该由孩子在无人监督的情况下进行；在你点燃钢丝棉之前，必须确保在你周围有一个足够大的空间。要准备一个灭火器在附近以防万一。有时候，在最大的乐趣中隐藏着潜在的危险。注意：安全第一。

如何操作

步骤1： 准备钢丝棉。钢丝棉被叠在一起，像一个钢丝棉垫。小心地展开3～4层的钢丝棉垫，直到它们看起来像一条钢丝围巾。

步骤2： 轻轻地梳理展开的钢丝网，尽可能不破坏它。

为了制造最大的火花效果，要在钢丝棉之间尽可能创造更多的空间，但同时也要保持钢丝棉自身的完整。

步骤3： 把搅拌器制作成一个完美的金属笼子，用来保存钢丝棉。首先，把绳子系在搅拌器上。如果你的搅拌器在手柄末端有一个金属环（很多搅拌器都有），将绳子的末端穿过环，并与环系在一起。如果你的搅拌器末端没有金属环，那么可以将绳子绕在搅拌器上的一组金属丝上并牢牢地系紧，然后将绳子沿着搅拌器的手柄向下，并用胶带把绳子和手柄紧紧地包起来。

步骤4： 一旦绳子和搅拌器安全地连接在一起（见下页“警告！”部分），紧接着在搅拌器里面轻轻地塞进尽可能多的钢丝棉，在塞的过程中让这些钢丝棉保持松散的状态（如果搅拌器比较小，那么不需要使用3～4层的钢丝棉垫）。

准备工作

尽管飞舞的火花非常壮观，但还是要注意安全。只要在你开始之前，了解一些简单的注意事项，火圈表演还是非常安全的。选择表演场地的时候要格外小心，那将是你点燃火花的地方，在那里你将有一段美好的时光。

注意，这场激动人心的表演的关键是挥舞燃烧的钢丝棉，这将增加可用于燃烧的氧气，使火燃烧得更旺。然而，这也将使燃烧的钢丝棉向四面八方飞出去，所以你需要一个没有其他任何易燃材料的广阔区域，并且所有的旁观者都需要与表演者保持距离。虽然燃烧的钢丝棉掉到地面上会迅速烧尽，但它们并不总是会立即熄灭，所以必须非常小心。

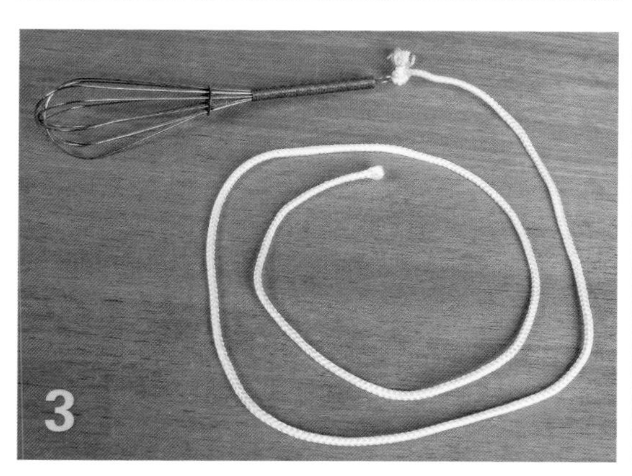

警告!

要确保搅拌器和绳子紧紧地系在一起。无论是穿过手柄的绳子还是在搅拌器上绕着一组金属丝的绳子，都必须打一个死结。不能只是将绳子和搅拌器用胶带粘住，否则既不结实也不可靠。

牢记：在搅拌器着火期间，你应以最快的速度绕着头顶挥舞它，但千万不要让它飞出去，以免撞到某人或某物。

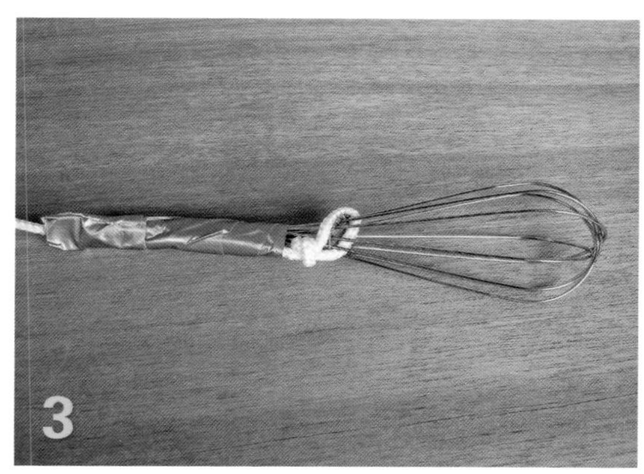

安全步骤1：使用真正的安全场地。“安全”在这里是指表面不易燃烧的任何广阔区域。沥青街道、空的停车场、水泥或沥青网球场、沥青运动场、沙丘、海滩都是可以表演的好地方。请不要在室内尝试这个实验。

安全步骤2：当你挥舞火圈时，戴上护目镜和手套。此外，遮住皮肤和头发，保护它们免受火花之灾。穿长袖长裤并戴一顶帽子，或者穿一件连帽运动衫。头发上不要有定型剂或发胶——这些是高度易燃的。不要穿轻便的合成纤维织物，因为聚酯纤维和尼龙都是很容易燃烧的，要穿由厚纤维制成的面料，最好是棉制（织）品。

安全步骤3：清除场地内所有的火灾隐患，清除任何可能造成伤害或可能燃烧的物品。不要低估火花的飞行能力：它可能形成半径15米、18米或21米的圈子。将个人物品转移，同时扫除聚集在篱笆周围的落叶。

安全步骤4：选择一天中最激动人心的时刻。就像燃放大多数的烟花那样，火圈在黄昏或天黑后是最令人印象深刻的。在白天，它是很难被看到的。所以，在白天准备好场地，等到太阳下山后再表演。

警告！

这是火，火是危险的。

火可以很容易点燃，但很难熄灭。在你为放烟花准备场地的时候，遵循每一个注意事项。这个实验生成了成千上万的火花，它们飞向四面八方，而且有时真的只要一个火花就能引起火灾。如果一些火花落在干草、树叶或其他易燃材料上，它们就会开始起火，很快地燃烧并失去控制，最终变成了熊熊的火海。所以，带上灭火器，以防万一。

安全步骤5：火圈表演结束后，请停留在场地内，查看一下有火花的区域，然后停留在该区域至少5～10秒，确保没有火花在阴燃（没有火焰的缓慢燃烧现象）。使用你的鞋子或喷雾水瓶来扑灭火花，不要等它们自己熄灭。直到100%确定没有东西在继续燃烧后才能离开。你需要随身携带一个灭火器，以防万一。

点燃火圈

步骤1： 戴上护目镜和手套，用打火机或火柴点燃钢丝棉。注意，钢丝棉不会马上被火焰吞没，而是首先有个别的钢丝棉开始缓慢燃烧。

步骤2： 用戴着手套的手抓住绳子的末端，绳子的另一端连着搅拌器。然后，慢慢地开始将绳子绕着一个圈旋转，就像牛仔挥舞绳索的动作一样。在你感到大部分钢丝棉都开始燃烧时，加快旋转速度，直到你把钢丝棉旋转到最快的速度为止。你会看到一些疯狂的焰火。这场令人印象深刻的表演应该持续20～25秒。（你不止做了一个火圈，对吗？）

另外，有两种基本旋转方式：要么在你头上方的一个水平面上，要么在一个垂直平面上。在垂直面上旋转绳子比较安全，因为在头上水平旋转时火圈产生的火花将无处不在。

科学原理

燃烧需要3个要素：燃料、氧气和温度。除非这3个要素都具备了，否则你不会得到火。

在一般情况下，铁不会燃烧，因为很难达到足够高的温度，甚至当铁达到了足够的温度时，还需要大量的氧气把火点燃。

铁是一种良好的导体，也就是说，铁是一种能轻松高效地传递能量的金属材料。如果你握住一根钢钉的尖端在火上加热，热量会在很短的时间内从火焰传到整个钢钉，很快就会使钢钉变热，热到你无法握住它。这就是为什么当你用铁煎锅烹饪时要使用隔热手套：铁迅速导热使高温遍及整个锅，包括手柄，即使手柄不与火直接接触。

不是每一种材料都是热的良导体。以木头为例，一根木棍很容易燃烧，但其一端着火了，你仍然可以舒适地握住另一端。不像钉或铁煎锅那样，热量在木头中是不会迅速传递的。

金属优良的导热性，同时也导致了金属难以燃烧。想一想铁煎锅，它必须达到足够高的温度才能燃烧。高温炉火可以使它达到燃烧所需的温度，但是铁煎锅远离炉火的地方就会快速导热，在整个金属片上传递并消耗热量。这就避免了锅上任何一个地方（即使是在火焰上的部分）达到燃烧所需的温度。此外，即使锅上某个地方达到了足够高的温度，这个地方也没有足够的氧气来点燃它。

然而钢丝棉是不同的，特别是已经展开并梳理成松散的网状的钢丝棉。首先，钢丝网上的钢丝棉太细了，热量一旦传递起来很快就遍及整个钢丝网。所有钢丝棉很快都能得到热量，并能将热量保持更长的时间。因为任何加热的地方都会

与钢丝棉中的其他部分接触，所以钢丝棉能非常有效地传递热量至其余部分。

另外，和铁煎锅比起来，金属网表面积更大，所以许多铁原子可以接触氧原子，并与氧原子在空气中结合。

如果你把钢丝棉紧密地贴在一起，并没有把它拉成松散的网状，那么只有很少的氧气会进入钢丝棉与金属接触。这降低了钢丝棉的燃烧能力并导致了一场令人索然无味的表演。这就是要梳

用梳理过的钢丝棉表演的火圈

用紧密压实的钢丝棉表演的火圈

理钢丝棉垫直到它非常松散的原因。

当你点燃钢丝棉的时候，最初它至少得到了足够的热量和足够的氧气开始阴燃（如果不是燃烧的话）。当你在空中快速挥舞阴燃的钢丝棉时，这一举动大大增加了进入钢丝棉的氧气量，因此，燃烧变得更猛烈了。这和你吹篝火让它燃烧得更猛烈是同样的道理。

由于铁的燃烧，成千上万发光的小火花从钢丝棉中飞出。接下来发生的事情是，随着燃烧的进行，铁和氧结合形成了氧化铁。随着旋转的钢丝棉燃烧变成氧化铁，发光的氧化铁脱落并飞到空中，就创造出了令人印象深刻的带火花的金属丝表演。

意外发现：燃烧使铁更重

令人惊讶的是，燃烧前的钢丝棉比烧毁后的要轻。为什么？火是可燃物与氧结合的一种化学反应，反应过程中发出光和热。正如我们已经提到的，在钢丝棉燃烧时，铁原子与氧原子结合形成氧化铁，氧化铁分子包含铁原子和氧原子，因此比单独的铁原子更重。

哪个更重？一个铁原子（Fe）

还是一个氧化铁分子（FeO）？

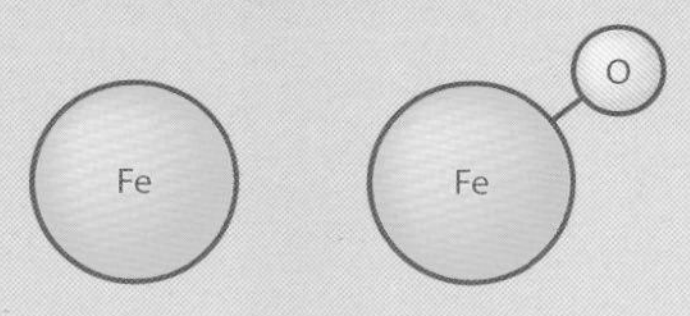

第11章 磁性电动机驱动的风铃

本实验演示的是一台世界上最简单的电动机，你只需准备一节电池、一根铜线和一块小磁铁即可。令人惊奇的是，只要具备这3样东西，你就能制作一台旋转速度非常快的电动机。

此处的电动机制作起来既快速又简单，但它只有少量的动力，以至于很难依靠自身的力量来完成较长时间的旋转运动。你也可以自己制作一个由磁性电动机驱动的风铃。

工作原理

这种简单的装置名叫单极电动机，与几乎所有的其他电动机一样，它能旋转是因为电与磁之间的相互转换原理。

古希腊人、印度人和中国人早在2000多年前就观察到了磁现象，人们注意到某些石头对铁制品有一种无形的力量。1000多年以前，人们发明了磁现象的第一个重要的实际应用：指南针。由磁性材料做成的指南针总是会在旋转后指向北方，这样旅行者在没有星星的情况下也可以使用指南针辨认方向。

古代人对电也有了一些了解，他们从带电的鱼那里感受到电击，也通过摩擦毛皮之类的东西产生静电。除了在地毯上走来走去，然后用你的手触碰金属门把手时，受到微小的电击这种小戏法以外，科学家在发现电现象后不久，终于发现了这种无法解释的力量的用途。

事实证明，电与磁这两种无形的力量是相关的。这种简易电动机通过电池内的化学反应将化学能转变成电能，电流通过铜线，产生一个磁场，这个磁场推动磁铁产生运动。

单极电动机是电与磁转换的一个最简单的应用。

实验：磁性电动机驱动的风铃

首先，制作一台电动机，只需要使用铜线、电池和磁铁；接着，制作一个风铃；最后，把你制作的简单的电动机放在风铃正中间。

材料

磁性电动机

- 一根实心铜线，大约330毫米长
- 一节5号碱性电池
- 1~2个小圆柱形磁铁（直径大约10毫米，厚3毫米）
- 一个长230毫米、直径为19毫米的木销
- 一块90毫米×90毫米的木头，厚度为19毫米
- 一颗30毫米长的螺钉
- 双面胶带

风铃

- 一张100毫米×100毫米的卡片或一块比较轻的纸板
- 可乐瓶盖子或其他小的圆形物体
- 钓鱼线
- 透明胶带
- 4根火柴
- 4杯水（必须用玻璃杯盛）

工具

- 钢丝钳
- 尖嘴钳
- 一根直径为25毫米的销子或短管（如一根19毫米的PVC管，用于弯曲铜线）
- 手锯或切割锯
- 螺钉枪或螺丝刀
- 剪刀
- 直尺

材料说明

在制作电动机前，记住几件事情。选用任何型号的电池都可以，但5号碱性电池的实验效果是最好的。不过，这个实验电池的电量消耗得相当快，因此手头应该多准备几节电池。

记住，不要使用充电电池。充电电池使用时可能会因过热而发生危险。在这个实验里，我们只使用普通碱性电池。

从来没有听说过磁铁？不用担心，你可以在科学类网站上找到关于它们的相关知识。如果它们的磁性比较强，你只需要一块就够了；但如果它们的磁性比较弱，可能需要更多。

最后，使用实心铜线，不要使用铜编织线，以便实验时铜线可以弯曲和保持其形状。

警告！

别让小孩玩磁铁，它们不是玩具。磁铁虽小但威力极大。特别是，如果它们被吞食就会非常危险。当两块磁铁进入肠道的不同部位时，它们会粘在一起，需要进行外科手术才能将它们取出。不要把它们放进嘴里，或者随意放在小孩能拿到的地方，因为小孩可能会吞食它们。

如何操作

磁性电动机

步骤1：用钢丝钳剪下一段330毫米长的铜线，然后，在距离铜线一端大约6毫米处用尖嘴钳将铜线做一个90度角，得到一个L形。

步骤2：将剩余的铜线绕着短管或销子弯曲成螺旋形。

步骤3：放置一块或两块磁铁在电池负极（平的那端）下面，它们会吸附在电池上。

步骤4：让铜线绕着电池呈环形状，用弯曲成90度角的一头接触电池的正极。

步骤5：拉伸或压缩线圈，以便线圈的底部位于磁铁旁边，正好和磁铁接触而不受其他干扰。

步骤6：让电动机旋转起来！可能需要用线圈做一些试验，才能得到合适的形状，这样线圈就能在电池周围保持平衡。如果把磁铁的位置上下颠倒（放在电池的正极）会发生什么？试试看。

将铜线从电池上移开，电动机将停止工作。

实验基础准备

步骤1：用锯子锯下一段大约230毫米长的木销，然后锯下一块90毫米 × 90毫米的正方形木头。锯木销时，要让锯子尽可能笔直地穿过木头，这是非常重要的。

步骤2：测量木板，并在木板中心做标记。一个简单的方法就是通过画对角线找出木板的中心，连接正方形木板的对角，对角线相交的地方为木板的中心。使用螺钉枪，用螺钉将木销和木块的中心连起来，如右图所示。

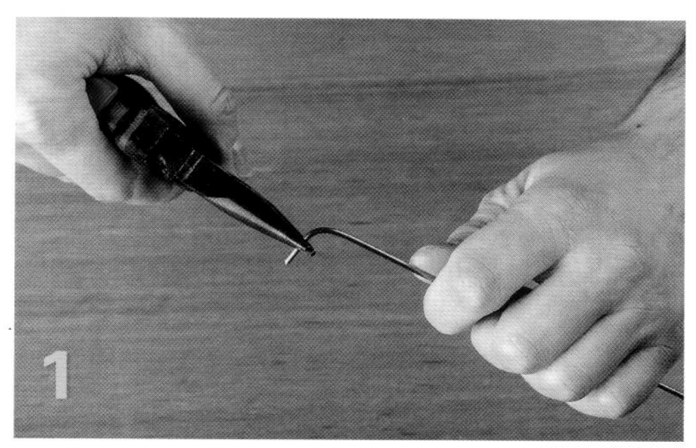

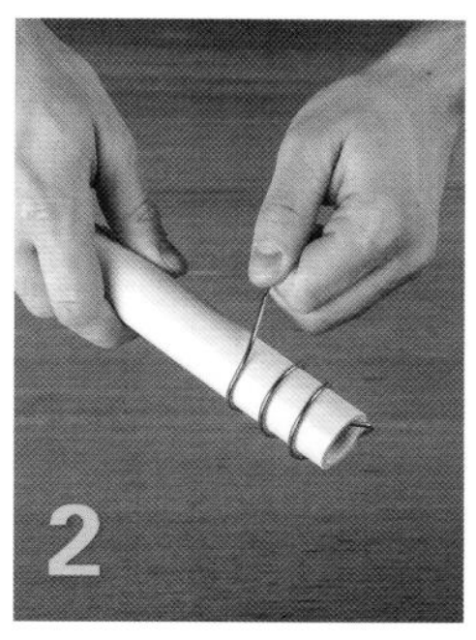

警告！

磁性电动机工作一段时间后会变得很热。注意，别让它长时间工作，而且不要让它在无人看管的情况下工作。

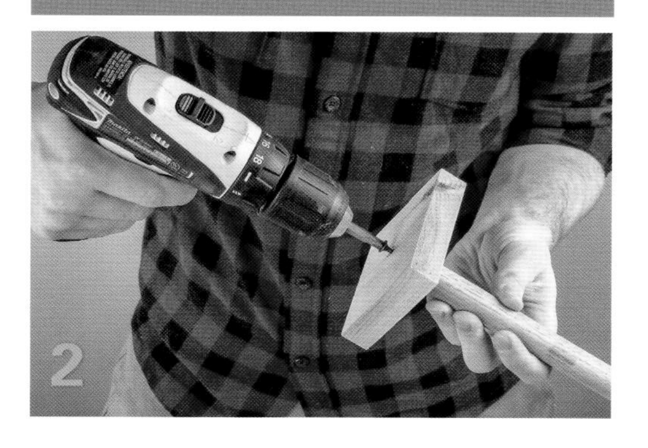

提示：你可以很容易地将木块和木销连接在一起。首先，将螺钉钉入木块中，直到它的尖端稍稍穿过另一边。接着，把木销的末端按到螺钉的尖端上面，继续转动螺钉直到木销和木块牢固连接。

步骤3： 将一小块双面胶粘贴在木销末端的垂直面上，双面胶会固定住磁性电动机。

步骤4： 将磁铁和电池放在木销的上方，用双面胶将磁铁粘住。

转盘

步骤1： 用剪刀把卡片剪成100毫米×100毫米的正方形。

步骤2： 在正方形的中心位置剪一个直径大约25毫米的圆孔。

如上，为找到正方形卡片的中心，画出正方形的对角线，它们相交的地方就是中心。然后将一枚硬币放在卡片的中心，沿硬币边缘画一个圆形。如果你专心地盯着画，那么画出的圆形应该足够精确。

步骤3： 在正方形卡片的每个角落，用剪刀沿着对角线剪一个6毫米长的小切口。

步骤4： 剪4根130毫米长的钓鱼线。

步骤5： 这是最棘手的部分：用钓鱼线和透明胶带把正方形卡片和磁性线圈（铜线）连在一起。完成后，正方形卡片将水平悬挂，低于磁性线圈。首先，用透明胶带把4根130毫米长的钓鱼线和线圈连在一起，并保持它们间隔均匀。接着，将这4根钓鱼线的另一头分别嵌入正方形卡片4个

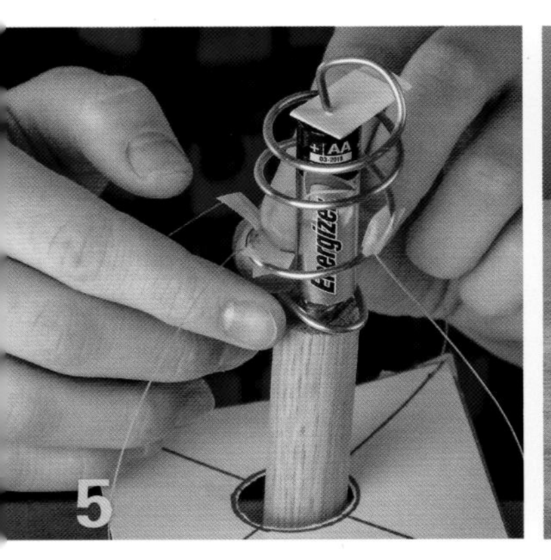

角的小切口中。保持线圈不动，并调整钓鱼线的长度直到正方形卡片水平。调整好后，用透明胶带把钓鱼线的一端和卡片的每个角轻轻地粘在一起。最后，剪掉额外的钓鱼线。

步骤6： 剪4根80毫米长的钓鱼线，并将木质火柴用胶带粘贴在每根线的末端。这些火柴将成为“木槌”，敲打玻璃水杯。

步骤7： 将这4根带“木槌”的线粘在正方形卡片的4个角，这样它们就会垂下来。

步骤8： 在4个玻璃杯中装上多少不等的水。不同的水位会产生不同的音调。（参见本书后面的“机械水木琴”一章，里面有更多关于调试玻璃水杯音符的内容。）

步骤9： 现在，把整个由线圈、钓鱼线、卡片和火柴组成的装置置于电池—磁性电动机的上方，并把整个实验组件放在圆木销的顶部。把线圈的接触点放置在电动机上方，检查整个装置以确保该转盘可以旋转。

步骤10： 在木头底座的每个角放一个玻璃杯，这样火柴“走”过去的时候就会正好擦过它们。

步骤11： 让它旋转起来，演奏音乐！

注意： 磁性电动机会变热，所以当你把它拆开的时候要小心。不要让它长时间旋转，尤其不要让它在无人看管的情况下旋转。

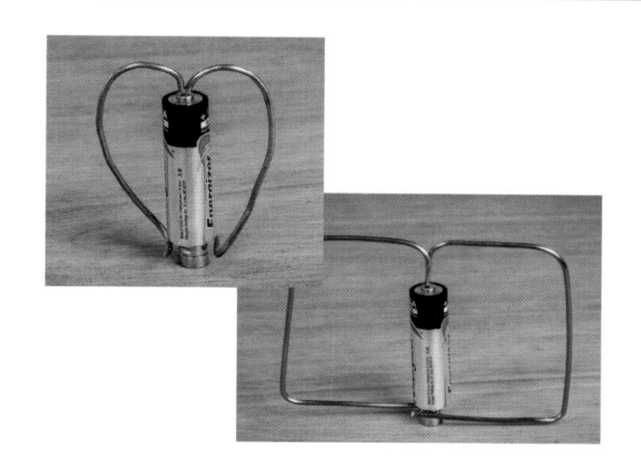

更进一步的点子

你可以把铜线做成许多不同的形状，它们将在电池和磁铁的上方旋转。其中有些很难保持完美的平衡，所以它们几秒后就会脱落。你可以做些实验，看看还能采用哪些不一样的形状。

你也可以改变电动机旋转的部位。

看一下下面这个设计。

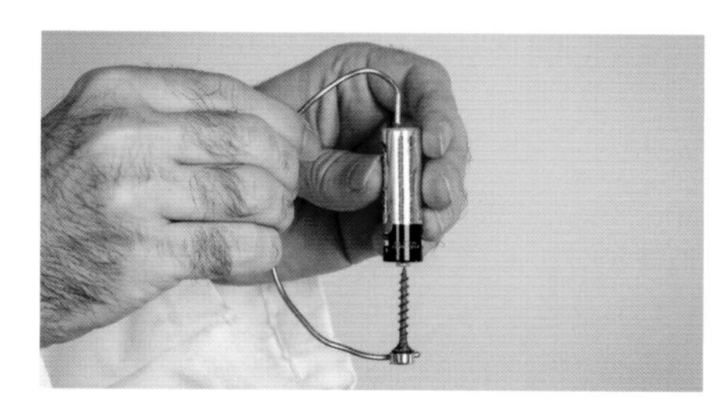

在这个设计中，铜线不动，螺钉和磁铁旋转。

科学原理

在19世纪初，丹麦科学家汉斯·克里斯蒂安·奥斯特注意到：当指南针靠近通电导线时，指南针上的指针会发生偏转。显然，电与磁两种无形的力量在某种程度上有一定的关联。

几年后，迈克尔·法拉第把电磁学的研究向前推进了关键的一步，他利用电和磁之间的关联制造了第一台电动机。这是一台简单的电动机，类似于你刚刚制作的风铃电动机。

事实证明，电流通过导线会产生磁场。同样，一块磁铁靠近线圈移动，也会在线圈上产生电流。法拉第利用这种关系制造出电动机（当有电流通过时它就会转动）和发电机（当你转动它的时候会产生电流）。虽然我们现在将它们制造得更大更好，但生活中所接触到的所有电动机都是采用同样的原理。

从一台非常简单的发电机（仅使用一些磁铁、一个线圈和一个轮子制作）中，你就能观察到电与磁在转换过程中的关联。磁铁贴在轮子的边缘处，当轮子旋转的时候，带动磁铁经过线圈。当每块磁铁经过线圈时，磁场会在线圈中产生一点电流。如果将线圈和一个小灯泡连接起来，然后旋转轮子，小灯泡就会亮起来。轮子旋转得越快，得到的电流也就越大，灯泡就会越亮。这个发电机就是这么简单。

本页插图中的发电机就像一台单极电动机。这款简单的发电机通过磁铁运动产生电流，而单极电动机由电流推动磁铁产生运动。

在单极电动机中，当电流从电池的顶部流出，通过导线到达电池的底部时，电流切割由磁铁产生的磁力线而形成了新的磁场。这两个磁场相互作用产生一个非常小的推动力。这种力被称为洛仑兹力，就是它导致了导线旋转。

科学家用公式描述了洛仑兹力，并尽可能准确地推算了这些电和磁之间的相互作用关系。例如，该公式可以根据电流的方向和磁场极性来推算单极电动机的旋转方向。

在制作电动机时，你试过将磁铁翻转吗？如果试过的话，那么你就会知道通过改变磁场的方向，单极电动机将以其他的方式旋转。这就是洛仑兹力，它的实质是电与磁之间的相互关系在起作用。

为什么它被称为单极电动机？单极本意是“相同的极性”，所以在一个单极电动机里，电流总是朝着同一方向流动，从电池顶部的正极到电池底部的负极，它所产生的磁场总是具有相同的极性。

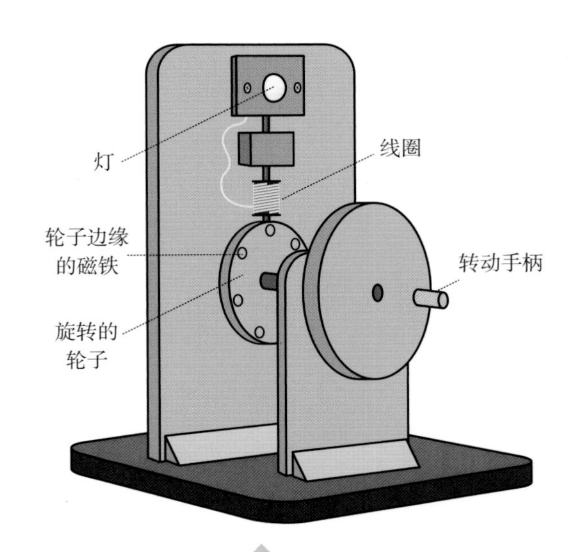

一个简单的发电机

制作可见磁场

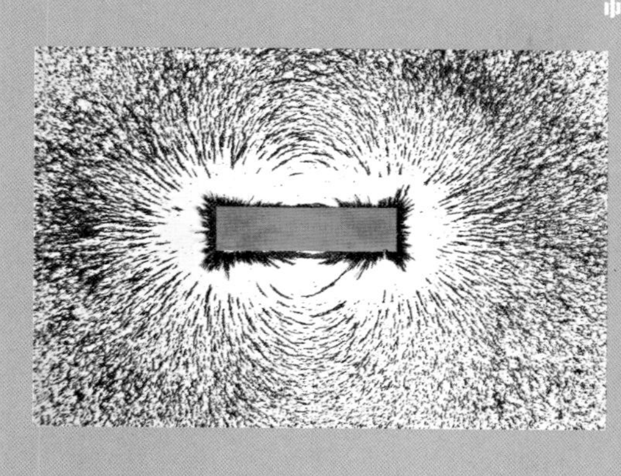

采用以下方法你能看到一个原本看不见的磁场围绕着磁铁：通过在一张纸上撒一些铁屑，并在纸下面放一块磁铁来实现。

这些铁屑形成了一种图案，围绕着磁铁产生了可见的磁力线，那么它们是如何聚集在被称为北极和南极的两个点上的呢？如果你将两块磁铁相互靠近，当磁极对齐时作用力特别强，北极和南极会强烈地互相吸引，而两个北极或两个南极则会互相排斥。注意用磁铁的话，产生的力量是非常强大的。如果你的手指被它们夹在中间，它们会夹痛你的手指。

在一个电风扇或者一个玩具汽车里的电动机不是单极电动机。这些更复杂更强大的电动机使用多组线圈提供更大的动力。其中的电气开关（又称换向器）能迅速改变多组线圈内的电流方向。这意味着在每个线圈里的磁场极性是迅速变化的。电动机通过改变磁场使转子转动。

第12章 空气涡流枪和空气涡流炮

空气涡流炮是一支巨大的“枪”，它可以射出一股空气一路传到房间的另一头。你可以用这个秘密武器去吓唬你的朋友（可以用它打乱他们的头发）或者吹灭蜡烛。你甚至可以通过它来发送环形烟圈，使原本看不见的空气涡流一目了然。

如今，美国最常见的空气涡流炮在商场里都有出售，其中最畅销的Airzooka品牌的空气涡流炮是由海军中尉布瑞恩·乔丹发明的。在乔丹年轻的时候，他就一直为此发明而努力，在上高中时，他就制作了第一个空气涡流炮的原型。他多年来不断地修改设计，终于在2003年把它投放市场，一经推出就立刻受到了人们的喜爱。

我们将告诉你如何把一个塑料桶制作成Airzooka品牌空气涡流炮大小的“手枪”，如何用你的“手枪”锁定目标，如何用垃圾桶制作巨大的“大炮”。

工作原理

也许空气涡流炮最令人惊讶的地方是，由它吹出的空气强大到足以使你的头发向上飞或者打翻离它很远距离的一堆纸杯。在使用它射击目标前，要花两三秒时间把距离调整到最佳。怎样才能使这个空气涡流炮产生强大的力量，并缓慢推动空气跑那么远呢?

当子弹从枪管中射出或者箭从弦上飞出后，它们穿过空气时没有受到周围空气很大的反作用力。因为它们的材质是如此密实，所以它们通过空气相对容易一些。在空气中的穿行会引起摩擦，使子弹的速度逐渐放缓，但它们在飞行时始终保持形状不变。

从名字就可以猜到，空气涡流炮发射的是空气，被发射的空气不会比它努力穿过的空气具有更大的密度和更大的凝聚力。不像子弹或弓箭，它会消失在周围的空气中。无论你怎么努力地四处挥手，都不会产生明显地穿过房间的流动空气。可是，用你的手轻拍空气涡流炮，你的朋友在6～9米远的地方都能感觉到。

以上的关键是在离开空气涡流炮时这股空气形成的形状。它呈旋转的圆环状，被称为环形涡流。正如我们将看到的，环形涡流有一些非常特殊的性质。

实验：空气涡流枪

材料

手枪

- 一个19升的塑料桶（可以从五金商店里买到）
- 一根耐用的大橡皮筋，直径大约125毫米，周长大约380毫米
- 一个眼钩
- 一张460毫米×460毫米的塑料布（厚度4~6毫米，一个塑料浴帘使用起来效果不错）
- 一块废木头（一块比较短的横截面为50毫米×100毫米的即可）
- 一个高尔夫球
- 一块230毫米长、25毫米×75毫米的钉板条
- 一块150毫米长、25毫米×75毫米的钉板条
- 一颗50毫米长的干壁钉
- 两颗32毫米长的干壁钉

基座和靶子

- 一块610毫米长、25毫米×75毫米的钉板条
- 两块100毫米长、25毫米×75毫米的钉板条
- 6颗32毫米长的干壁钉
- 一块横截面为50毫米×100毫米的废木头，长度大约为150毫米
- 6个纸杯或塑料杯

工具

- 带13毫米和3毫米钻头的钻孔机
- 曲线锯或大剪刀
- 剪刀
- 鲤鱼钳
- 斜切锯或手锯
- 螺钉枪或螺丝刀
- 两个C形夹钳，两张同样高度的桌子

如何操作

步骤1： 在一个19升的塑料桶底部的中心做记号，并在它周围画一个直径为125毫米的圆。一张旧的CD或DVD光盘是画圆的好模板。

步骤2： 使用带13毫米钻头的钻孔机，在塑料桶底部所画的圆里面钻一个孔，但是要靠近圆的边缘。通过这个孔，你可以将曲线锯的锯条穿过塑料桶并开始切割圆。

步骤3： 使用曲线锯，把锯条插入刚钻的孔中，并小心地沿着塑料桶底部的圆形痕迹切割圆。如果桶壁不是太厚的话，可以使用大剪刀来代替曲线锯，但我们使用的大多数的桶都比较厚，很难用大剪刀来切割。

步骤4： 使用带3毫米钻头的钻孔机，在塑料桶的侧面钻一个孔，离顶部边缘大约200毫米。在塑料桶上这个孔的对面同样高度的位置钻第二个孔。

步骤5： 用剪刀剪一段有弹性的橡皮筋，长度大约为380毫米。把橡皮筋放入桶内，并将它的一端穿过刚在桶侧面钻的一个3毫米的孔再拉出。在桶外，将橡皮筋的末端打一个大结，这样它就不会被拉回去。

将橡皮筋的另一端穿过眼钩，接着穿过对面的第二个3毫米的孔。在桶外，将橡皮筋的另一末端打一个大结，这样橡皮筋就不会被拉回桶里。现在，橡皮筋在桶内应该呈自然拉伸状态，把眼钩挂在橡皮筋上，位于桶的中间。

步骤6： 用剪刀剪一张460毫米×460毫米的塑料布。

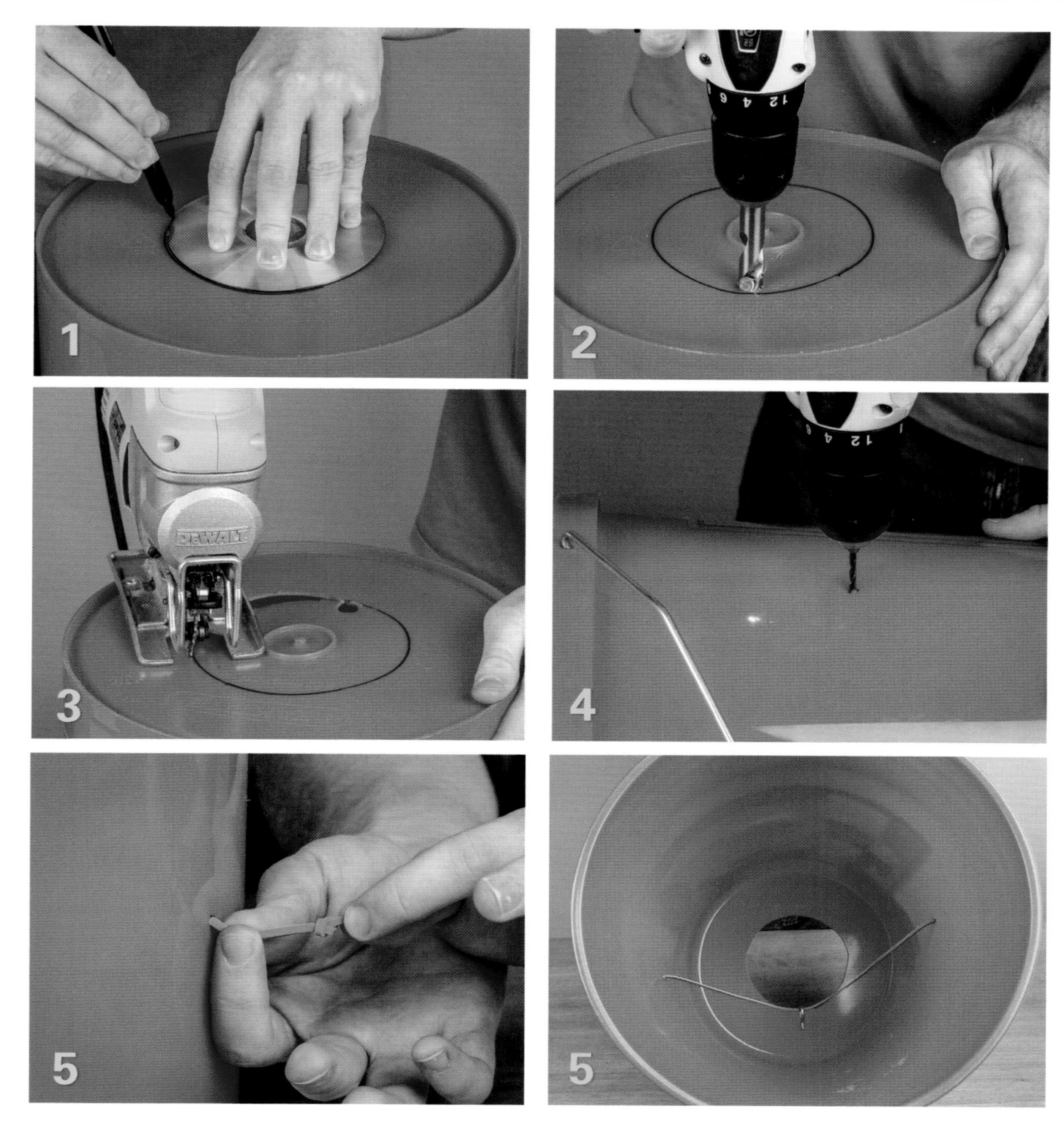
1
2
3
DEWALT
4
5
5

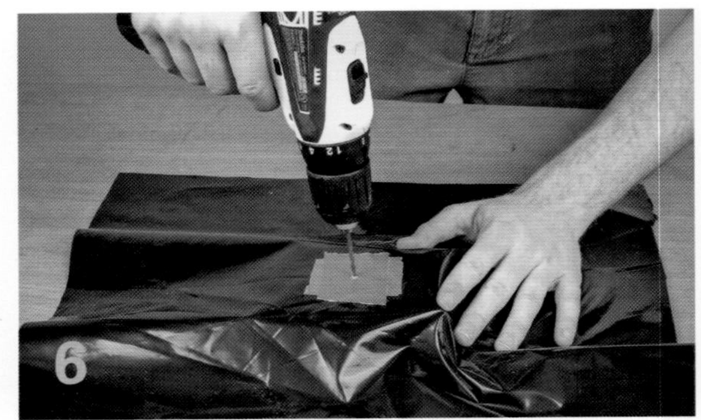

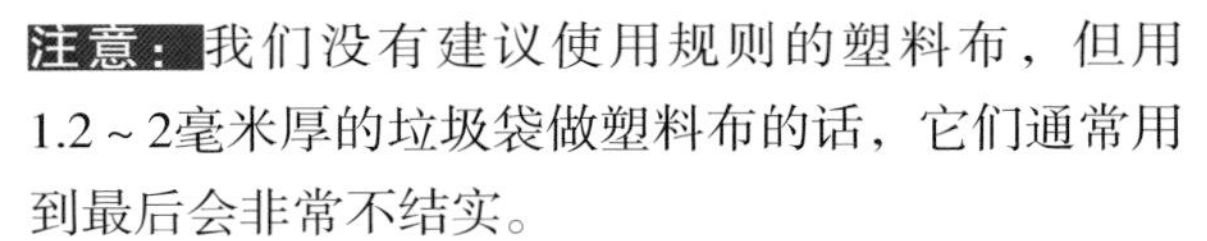

注意：我们没有建议使用规则的塑料布，但用1.2～2毫米厚的垃圾袋做塑料布的话，它们通常用到最后会非常不结实。

在塑料布的中心，贴两张50毫米宽、75毫米长的胶带，将它们一层一层地叠起来，给中心位置的塑料布加固。翻转塑料布，在另一面做同样的事情，我们的目的是使它更牢固。

放一块废木头在塑料布下面，钻一个3毫米的孔穿过塑料布的中心和4层胶带。

步骤7： 在高尔夫球上钻一个3毫米的孔，大约12毫米深。你可以用鲤鱼钳或老虎钳控制住高尔夫球，注意不要用手指来控制高尔夫球，因为钻头很容易滑出并伤到你的手，推荐使用钳子。

步骤8： 使塑料布从塑料桶的顶部进入桶内，然后把橡皮筋上的眼钩向上拉，让眼钩上的螺钉部分穿过胶带中心的孔（加固过的塑料布区域），然后将螺钉拧入高尔夫球上钻好的孔内。

步骤9： 将塑料布的边缘向上拉，稍稍超过塑料桶顶部敞开的边缘。注意在塑料桶的顶部不要拉得太紧，允许橡皮筋在塑料桶内将塑料布往下拉几厘米。用剪刀修剪掉塑料桶外一些多余的塑料布。用胶带将塑料布固定在塑料桶上合适的位置。

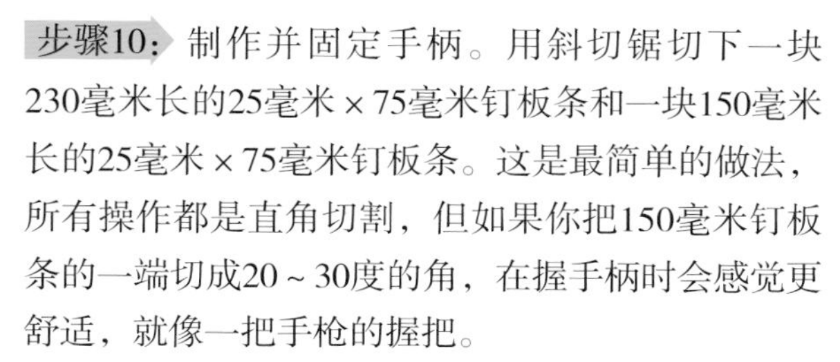

步骤10：制作并固定手柄。用斜切锯切下一块230毫米长的25毫米×75毫米钉板条和一块150毫米长的25毫米×75毫米钉板条。这是最简单的做法，所有操作都是直角切割，但如果你把150毫米钉板条的一端切成20～30度的角，在握手柄时会感觉更舒适，就像一把手枪的握把。

将50毫米的干壁钉穿过230毫米钉板条的中心和倾斜的150毫米钉板条末端（就是你刚才切下来的），然后慢慢拧紧，制作成空气枪握把。在这一步，一定注意安全，不要把干壁钉拧到自己的手上。如果把短的那块木头倾斜放置，一定要确保你能从正确的角度将干壁钉拧入230毫米钉板条，并确保它能笔直地进入短的木板。

最后，将230毫米钉板条沿着塑料桶的一侧放置，使手柄朝着塑料布和高尔夫球这一侧倾斜。用两颗30毫米长的干壁钉将手柄固定在塑料桶上。

接下来测试一下空气涡流枪。将高尔夫球朝着桶口拉回来，然后放出去，这时你应该可以感觉到来自你切开的桶底部的一股空气。你的空气涡流枪现在已准备好，可以在整个房间内发射气流了。

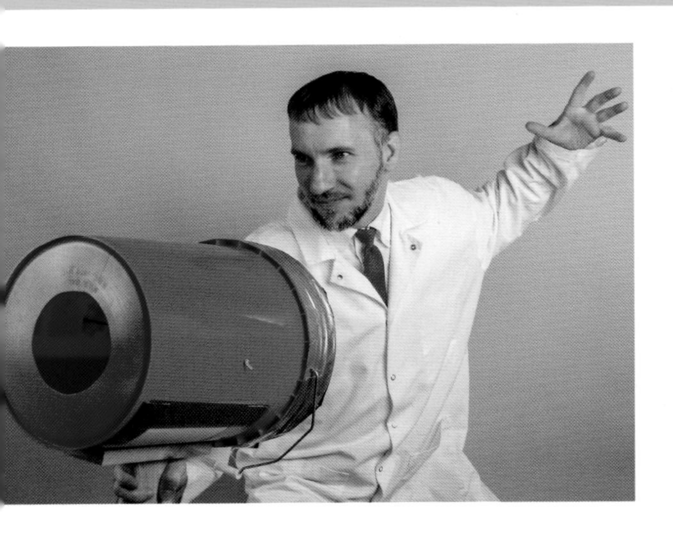

制作基座和靶子

空气涡流枪一直存在难以瞄准的问题，除非采用一种辅助瞄准装置。首先你很难知道发射出的空气流会撞击到哪里，加之空气涡流是看不见的，所以很难进行瞄准，因为存在如何握住它、如何瞄准和把高尔夫球往回拉多远等许多问题。下面就告诉你如何制作精确的空气涡流枪：把目标锁定下来。

如何操作

步骤1： 切下一块610毫米长的25毫米 × 75毫米钉板条和两块100毫米长的25毫米 × 75毫米钉板条。

步骤2： 把610毫米的钉板条放在身前的桌子上，把空气涡流枪手柄朝上放在木板中心，让高尔夫球朝向你。将两块100毫米长的钉板条平放在桶的两边，紧贴在桶下面和长木板的上面，这样塑料桶就不会向两边翻滚。

步骤3： 将每块小木板的位置做好标记，接着移开空气涡流枪。在做标记的地方，将两块小钉板条和610毫米的钉板条用干壁钉拧紧，每边用两颗30毫米的干壁钉。

步骤4： 把所有东西都翻转过来，以便让610毫米钉板条穿过手枪，同时让手枪在两块小钉板条之间。用两颗30毫米的干壁钉把木板与塑料桶固定在一起成为手枪的基座。

步骤5： 把手枪翻过来，这时长木板就在底部，手柄又回到顶部。将长木板和桌子边缘用两个C形夹钳夹紧。这将锁定射击角度，获得一致的射击效果。将整个手枪向下夹紧是很重要的，否则手枪击发产生的振动足以让你丢掉目标。当需要精确地调整手枪角度时，在空气涡流枪前端下面轻轻移动一块50毫米 × 100毫米的废木块就可以了。

步骤6： 把另一张桌子放在3米远的地方，并在桌子上把6个杯子摆成金字塔形（3个在最下面，2个在中间，1个在最上面）。

步骤7： 调整桌子和空气涡流枪的角度，以便手枪能笔直地瞄准杯子。把高尔夫球拉回来，发射！空气涡流射出，并击倒杯子搭成的金字塔。如果第一次发射没有直接命中，可以根据需要，对手枪的位置进行调整。如果通过将手枪前端底下的50毫米 × 100毫米废木头向前或往回移动，不能足够正确地调整射击角度，那么可以松开夹钳，并在手枪底部加一小段薄木条（无论是在前面还是后面），用来达到更精准地调整角度的目的，接着再拧紧夹钳。一旦锁定了目标，应该能一次又一次击中它。不要仅仅因为击中纸杯而停下来，你还能做什么？或许你的手枪也能吹灭房间另一头的蜡烛。

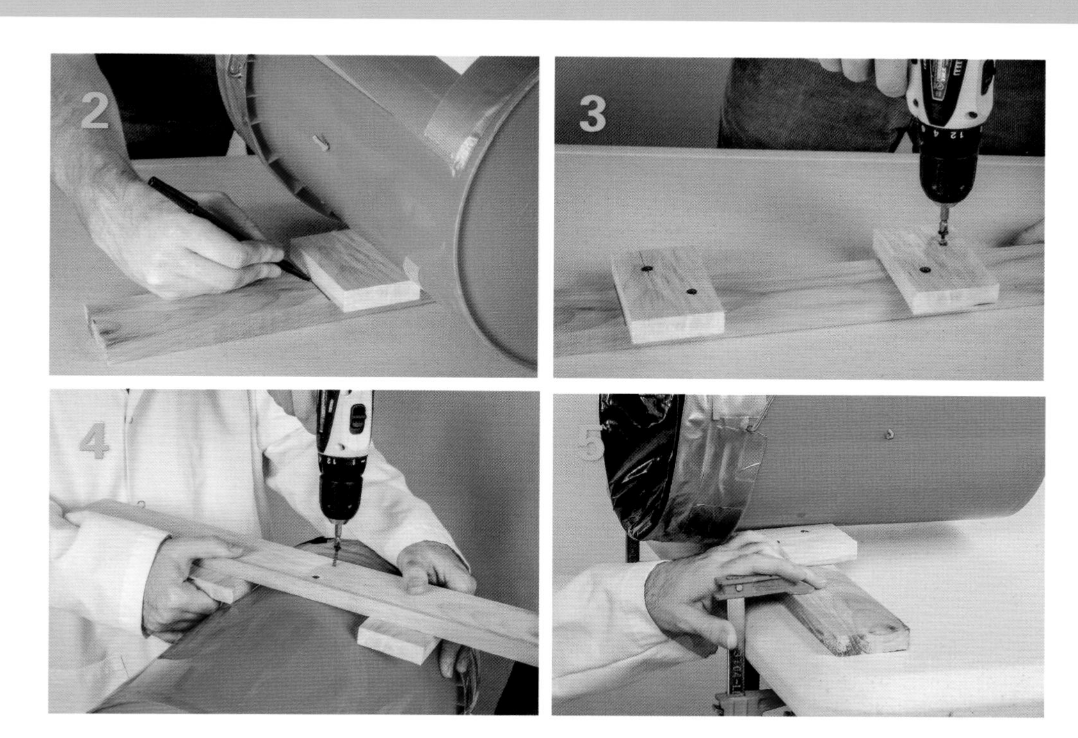
2
3
4
5

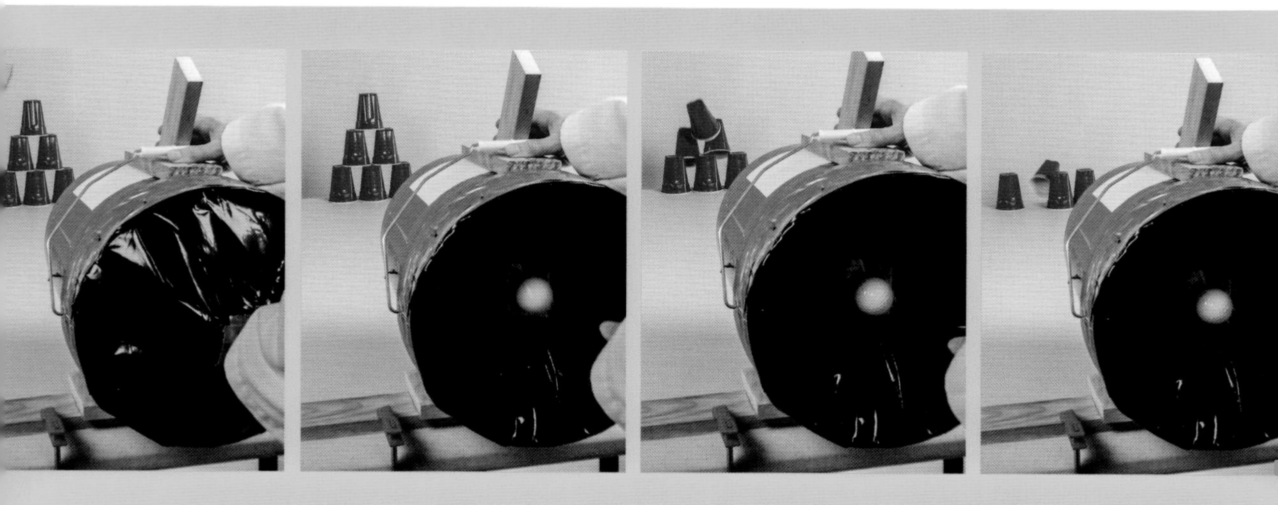

实验：巨大的空气涡流炮

现在我们将手枪做得更大！对于巨大的空气涡流炮而言，它的结构可以简单一点：我们甚至不需要弹力橡皮筋和高尔夫球。

材料

- 一个大的塑料垃圾桶（任何尺寸）
- 一张塑料布（厚4～6毫米，一个塑料浴帘使用起来效果不错）
- 胶带
- 一根1.83米长的布带或皮带
- 一颗小螺钉

工具

- 带10毫米钻头的钻孔机
- 大剪刀或曲线锯
- 螺钉枪或螺丝刀
- 剪刀

如何操作

步骤1： 在垃圾桶底部中央做一个直径为250毫米的圆形标记。你可以绕着一个餐盘或纸盘（它们通常大小合适）做标记，沿着标记剪出一个孔。使用带10毫米钻头的钻孔机，在垃圾桶底部所画的圆里面钻一个孔，方便你用大剪刀或曲线锯来剪下这个圆。我们喜欢用曲线锯来切割小塑料桶，然而对于垃圾桶，我们发现用大剪刀裁剪更方便。无论是用大剪刀还是曲线锯，都必须在垃圾桶底部剪下一个直径为250毫米的孔。

步骤2： 把塑料布完全拉开来，覆盖在垃圾桶敞开的顶部（不是剪孔的位置）。不要拉得太紧，让它宽松一点，用剪刀绕着垃圾桶边缘修剪多余的塑料布。用胶带将塑料布绕着垃圾桶边缘固定好，做成一面鼓的样子。再次强调一下，让塑料布宽松一点，不要拉得太紧。

步骤3： 系上织带，这样当你发射时就可以在与腰部平齐的位置握住空气涡流炮了。首先，将带子的一端在垃圾桶的手柄上打个结。接着，将大炮放在你腰部上方的位置，并选择合适的带子长度。这样一旦带子挂在肩上，大炮就会处于正确的位置。然后，用一颗小螺钉把带子固定在大炮的前端。

现在，用你的手掌给大炮后面的塑料布来一次有力的击发，一阵空气涡流会从大炮前方射出。

和小版的手枪一样，空气涡流炮瞄准起来会很难，但它不妨碍你用看不见的空气涡流来让人们感到惊讶。如果加入烟，人们就可以看到那些涡流！

1

2

3

事实证明，空气涡流炮射出去的空气不是像你想的那样一直向前移动。它自己会从前方逐渐折绕回来，就像一股形状奇特的龙卷风一样，这种空气运动的方式被称为环形涡流。当空气曲折绕回时，它的移动速度相当快，但穿越房间时，它本身的移动速度相当慢。

涡流是流体（通常是液体或气体，也可以是等离子体），可以围绕着一个轴旋转。龙卷风是一种空气涡流，飓风也是一种涡流，围绕着风眼（飓风中心）旋转。浴缸排水时，水流曲折向下流动，也是一种涡流。

那么什么是环形涡流，以及它是如何形成的呢？“环形”的简单定义为“像圆环一样的”，而且这种圆环是科学家参考了甜甜圈的形状引出的。

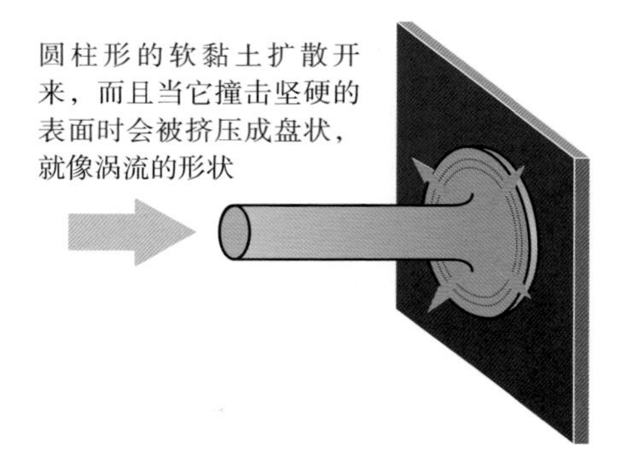

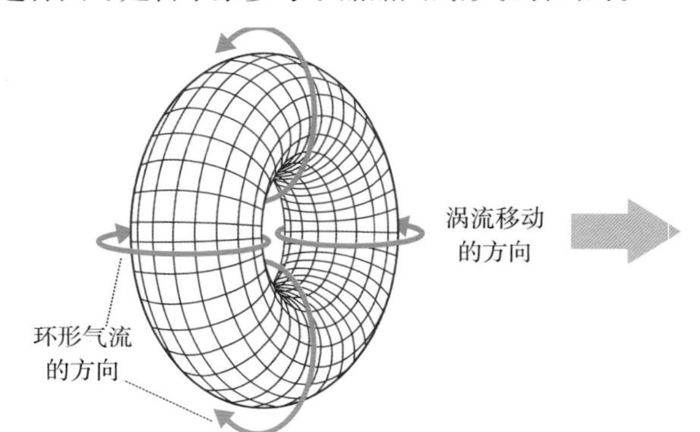

当你从空气涡流炮的末端发射一股空气时，快速移动的气流就会挤压周围的空气并开始逐渐向外扩散开来。它首先会变成一个不断扩大的盘状移动空气团，它的形状变化和圆柱形的软黏土掉在水泥地上变形的过程是相同的。

被挤压的空气绕着盘子的边缘开始盘旋回到盘子的中心，推动周围的空气向前运动。

循环到涡流中心的气流再次被刚从大炮筒射出来的空气向前推动，而且这个过程很快又产生了一个旋转的环形空气涡流。整个过程如同一阵小龙卷风，空气在环形内快速移动，就像龙卷风的漏斗云里面的风在极快地移动一样。尽管它是强烈的旋风，不过在地面上，龙卷风本身移动得相对缓慢。同样，来自空气炮中的旋转的环形涡流也只能慢慢地向前移动。

空气涡流炮发射出的只是一股快速移动的空气。一股连续的气流会产生完全不同的效果，甚至会在其前沿形成一个环形涡流，这时其他流动的空气将跟随前沿的涡流，最终形成一个类似圆柱形的气流。你能在熟悉的蘑菇云里面看见这个圆柱形和圆环状涡流的组合。

发射烟圈

如果你一直想要购买一台烟雾机，做这个实验正是一个好借口。小型的烟雾机是用石油或乙二醇来产生巨大的薄雾，它的成本大约为30美元或40美元。对于你的空气涡流炮而言，它正适合，同时它用于聚会和庆祝万圣节也很棒。如果你已经有了一台的话，马上把你的空气涡流炮装满烟雾，并开始发射烟圈吧！

如果你没有烟雾机，可以选用直径大约为6毫米、长度为50毫米的短柱香（不要用普通的香，因为它们不能产生足够的烟）。在空气涡流枪或空气涡流炮中放入3～4根香，并点燃它们。用一张纸或一些胶带盖住枪口或炮口5～10分钟。一旦里面充满了烟，就揭开覆盖物，使发射口敞开，这时就可以开始发射烟圈了。

第13章 便利贴型瀑布和楼梯

我们点击量最高的一段视频是将25万张便利贴变成巨大的瀑布和转轮，用一叠75毫米×75毫米的之字形便利贴做成自动弹跳装置。下面就教你如何制造那些与视频中相同的瀑布效果，虽然可以将瀑布做得如你所希望的那样大，但是也可以用十几叠或更少的便利贴来制作小型瀑布。

工作原理

一叠之字形便利贴可以像弹簧那样伸开和收缩。当第一次用它们进行实验时，我们首先想到的是，也许便利贴会像“机灵鬼”玩具那样“行走”。正如你将看到的，之字形便利贴真地可以像“机灵鬼”一样走台阶，尽管我们花了很长时间才完全弄清楚如何使它们顺利工作。

知道如何使这些便利贴流动后，我们最大的目标就是组合大量的便利贴使它们成为巨大的瀑布。但是这里存在一个问题。事实证明，不同颜色的便利贴会以不同的速度“流动”：绿色比黄色流动得更快，而黄色比一些其他颜色流动得更快，等等。虽然还不能和3M公司的科学家们证实这种纸的硬度不同，但我们怀疑，不同颜色的染料渗透纸的能力不同，从而会造成纸张的硬度略有不同，不同的硬度使便利贴具有不同的弹性。在它们流动的时候，这种弹性变化是非常快速的。

创建瀑布群，且在它们流动时改变颜色。在这之前，我们得想出一个办法让不同颜色、以不同速度流动的便利贴同步。正如你将看到的，答案惊人地简单，一旦你想到它，它就和许多东西一样显而易见了，但在想到这点之前需要花很长时间进行研究。

基本的瀑布

我们用刚才的一叠75毫米×75毫米的之字形便利贴做实验，先从做基本的瀑布开始。最简单的方法是让它从一只手到另一只手来回流动。

当我们第一次用便利贴尝试时，认为它们会向前流下来，如下面左图所示。

但如果试一下，你会发现便利贴会互相卡住，并且时常不能很好地工作。我们用了几天时间来思考，发现如果把便利贴旋转90度，然后让它们掉下来，用正常的便利贴侧面来代替便利贴前后面，这么做之后，便利贴就会完美地流动，你可以从下面的右图中看到。

不流动

完美地流动

实验：大瀑布

当你想做一个大瀑布时，可以把很多叠便利贴连接在一起。可以用一种颜色或几种不同颜色的便利贴，这样瀑布流动时就会有颜色的变化。这里的瀑布可以用12叠便利贴来制作。我们将展示一个瀑布，它是用3种不同颜色的便利贴制作而成的，你可以用自己喜欢的颜色来随意组合。

制作这种能改变颜色的大瀑布的关键是在它们流动时使用一种我们称之为同步带的东西。这里用简单的透明胶带连接成行的便利贴，如果左右都是同步带，便利贴便会被迫一起流动。

材料

- 12叠75毫米×75毫米的之字形便利贴
- 透明胶带
- 胶棒

如何操作

步骤1： 将4叠便利贴紧挨着放在一起，并排好位置，确保所有的之字形都是从一边到另一边。

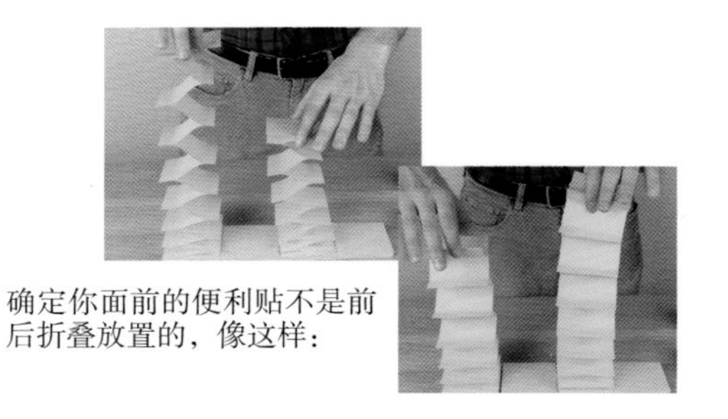

确定你面前的便利贴不是前后折叠放置的，像这样：

步骤2： 将一条透明胶带粘到4叠便利贴的最上层，然后用胶棒在4叠便利贴的最上层涂一层胶。

步骤3： 在4叠便利贴上另外增加一层。首先，剥掉每叠便利贴最底部的那张纸（带公司标志的非黏性保护纸），这样新的便利贴就可以和下面的便利粘贴在一起。始终确保每叠便利贴都是以同样的方式摆放的，这样之字形的走向就全是从一边到另一边。按住每叠便利贴，让它们牢固地粘在胶上（在步骤2中，你涂在先前便利贴最上层的胶）。

重复此步骤，贴上另外一层，也是4叠便利贴的最后一层，这样每堆是3叠便利贴的高度。

步骤4： 当所有的便利贴都粘贴好之后，在4叠便利贴的最上层多贴几条透明胶带，增加瀑布的整体力度。

步骤5： 现在，小心地翻转便利贴"砖"，剥掉它们底部的纸（那些纸都带有公司的标志）。接着，撕下每叠便利贴底部的那张便利贴，把它翻转过来，并重新贴回去，这样露出的部分就没什么黏性了。最后，在4叠便利贴上贴几条透明胶带来增加力度。

你的便利贴"砖"完成了！

步骤6： 是时候让你的瀑布流动起来了。不管你是有一个简单的瀑布（1叠便利贴做成的）还是一个大瀑布（12叠便利贴做成的），它们都可以流过"悬崖"（用一个盒子、一堆书、一个咖啡杯、一级台阶或任何低的、平的、凸起的表面充当）。把你的瀑布放在任何一个凸起表面的顶部，以最上面的便利贴作为每个瀑布的末端，紧紧地抓住它们，并逐渐引导上面的瀑布向下流到下面的表面。剩下的瀑布将紧随其后！

提示： 任何大小的瀑布从大约150毫米或200毫米的高度流下来是没有任何困难的。如果想让它们从更高的物体上流下来，不同大小的瀑布都需要引导，否则它们会倾斜到一侧。我们发现有两个

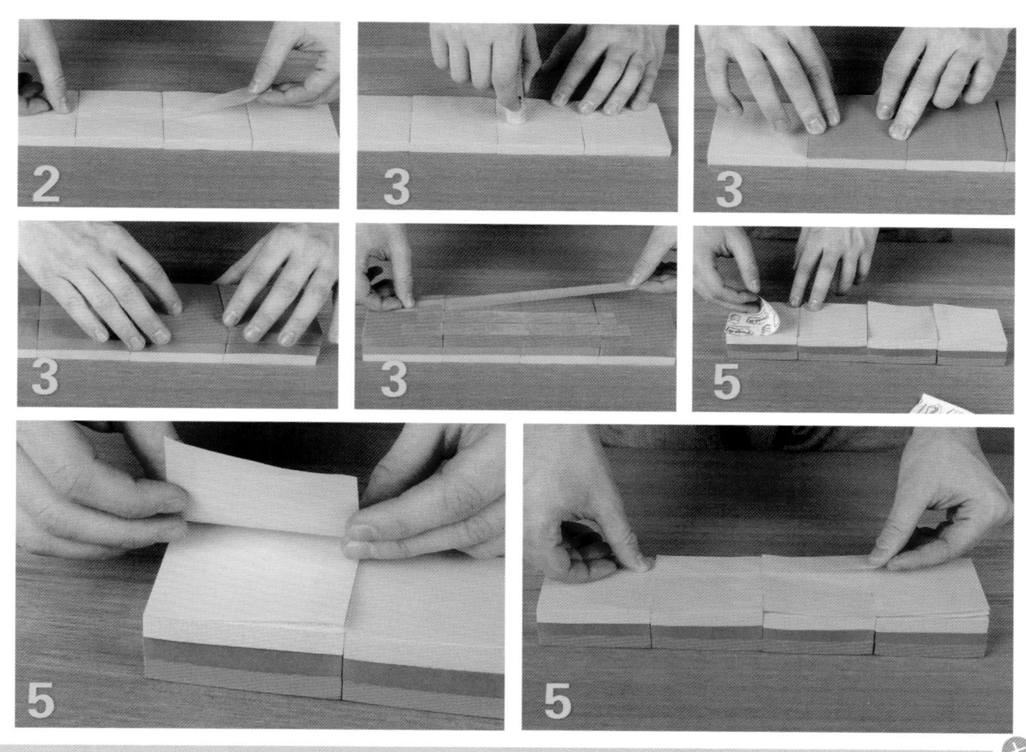

避免倾斜的灾难!

在移动你的大瀑布时，抓住这块“砖”的两端是至关重要的。牢牢地握住每一端，把它抬起来，像这样：

如果你抓住的是这块“砖”的中间部位，这是一个很容易犯的错误，你的瀑布会很不幸，最后看起来像这样：

直边的咖啡杯、水杯或小盒子都可以完美地实现流动过程。把一个杯子（或类似的物体）放在瀑布的任意一侧，当瀑布沿着物体边缘流下时，便利贴就能保持笔直。

实验：便利贴“机灵鬼”

让便利贴“机灵鬼”像一个真的金属“机灵鬼”那样走下台阶需要复杂的工序。我们必须知道台阶的高度，而且这一高度和便利贴之间要相互合拍。标准住宅的台阶太高了，因此，你必须为自己的便利贴“机灵鬼”创建一个较矮的台阶。特别是，你可能需要调节台阶的宽度（被称为“行程”），这样“机灵鬼”的每一步都会走在同样的地方，不会太远也不会太近。

另外，便利贴有时会变化无常。比如，湿度是一个问题。如果天气潮湿，便利贴就会变重，而且缺少弹性。所以，假如你使用刚从包装里面拿出来的最新的便利贴，那么它可以做更多的翻转动作。

这里描述的方法似乎能给出最一致的结果。

材料

- 1叠75毫米×75毫米的之字形便利贴，构造自动弹跳装置
- 胶带
- 3张280毫米×150毫米的纸板
- 透明胶带

工具

- 美工刀
- 4个抽屉的文件柜（或者4个纸板箱）

如何操作

步骤1： 将便利贴一分为二（每一半为大约50张便利贴）。

步骤2： 撕下每叠（即一分为二的两个半叠）便利贴底部的那张便利贴，把它翻转过来，并重新贴回原处，这样两叠便利贴的底部就没什么黏性了。

步骤3： 将两叠便利贴紧挨着放在一起，之字形都是从一边到另一边的，如图所示。把一条125毫米的胶带横贴在两叠便利贴的最上面，将它们连接在一起。在第一条胶带上面加贴第二条胶带。可以用胶带将两叠便利贴一起控制住，而且胶带在便利贴的末端可以提供一点额外的重量。

步骤4： 把连在一起的便利贴（宽度增加一倍）翻转过来，然后把另外一条125毫米的胶带横贴在便利贴的底部（翻转过来的那一面）。在第一条胶带上面，加贴第二条胶带来增加额外的重量。这就是你的又矮又胖的“机灵鬼”，我们发现它比又高又瘦的“机灵鬼”的动作更连贯。

制作步骤

最简单的方法是使用一个文件柜制作可调节的台阶。抽屉要大小合适，并把小纸板变成临时可用的台阶。如果没有文件柜，可以使用4个纸板箱，每个高度大约为300毫米。

步骤1： 用美工刀裁下3张280毫米×150毫米的纸板。把最上面的文件柜拉出大约125毫米。放一张纸板在上面，280毫米的一边穿过抽屉上方的边缘，并将280毫米的另一边和柜子用透明胶带粘贴起来。纸板应该平放在抽屉上，从抽屉的前面延伸出来大约25毫米，就像图片中看到的那样。

步骤2： 拉出下面的每个抽屉，它们和上面紧挨着的一层抽屉大约相距125毫米远。像前面那样，放一张280毫米×150毫米的纸板穿过每个抽屉上方的边缘，有25毫米的边延伸到抽屉的边缘之外，并将280

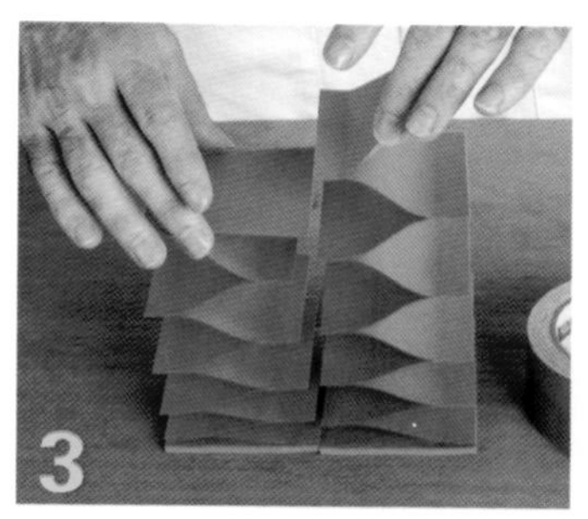

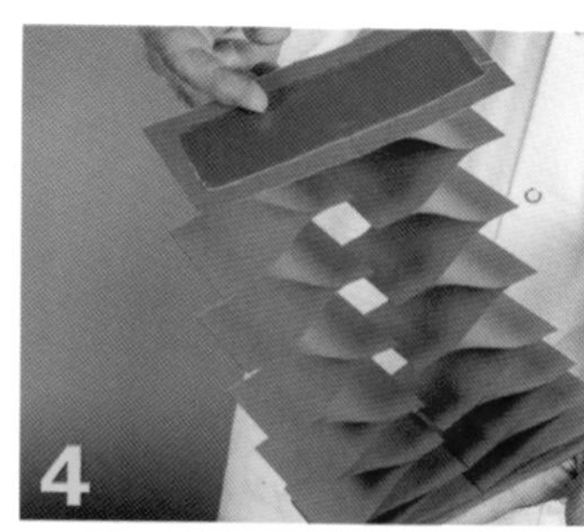

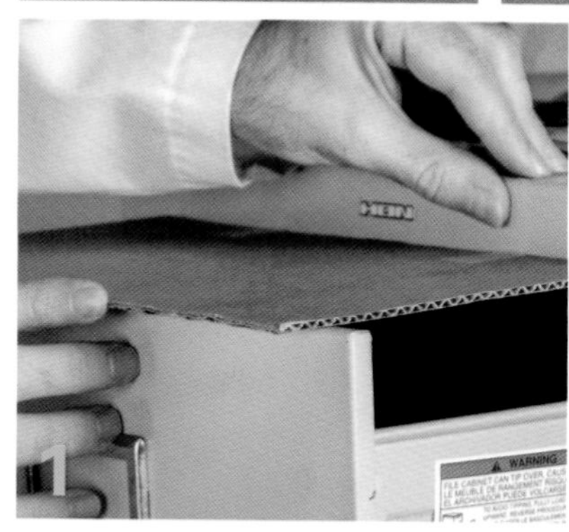

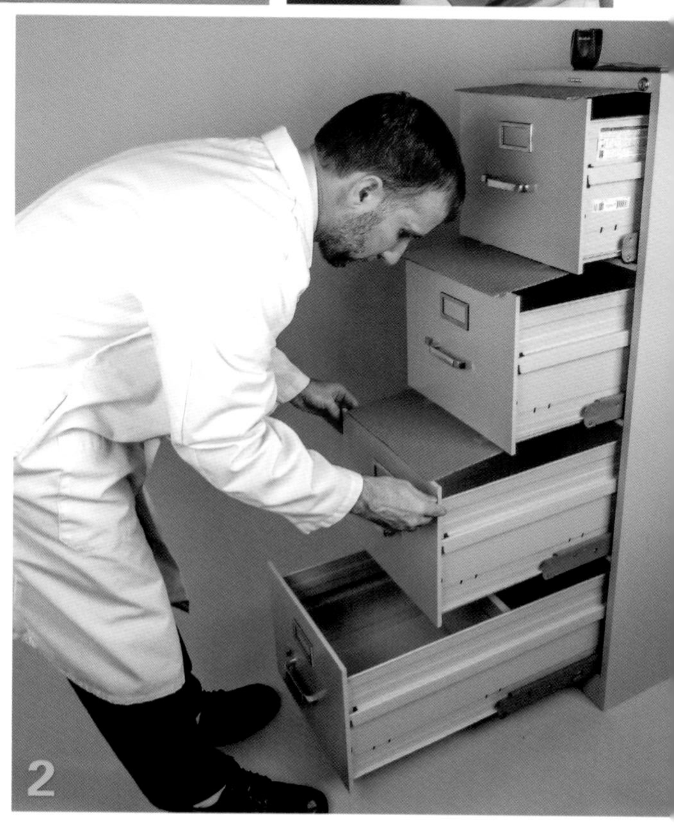

毫米的另一边和该纸板上方的柜子用透明胶带粘贴起来，这样就连在了一起，把这些纸板做成了3级台阶。25毫米的边能帮助便利贴跳过文件柜的拉手。如果文件柜有凹入的抽屉拉手，就不需要这25毫米的边了。

步骤3： 将底部的抽屉清空，并把它完全拉出来。当便利贴跳下来到达底部的时候，不要放置任何的纸板在这个抽屉的顶部，便利贴会正好掉入抽屉。

步骤4： 把你的便利贴“机灵鬼”（宽度增加一倍，高度缩小一半）放置在顶部的台阶上，它开始走下台阶，如下页图所示。

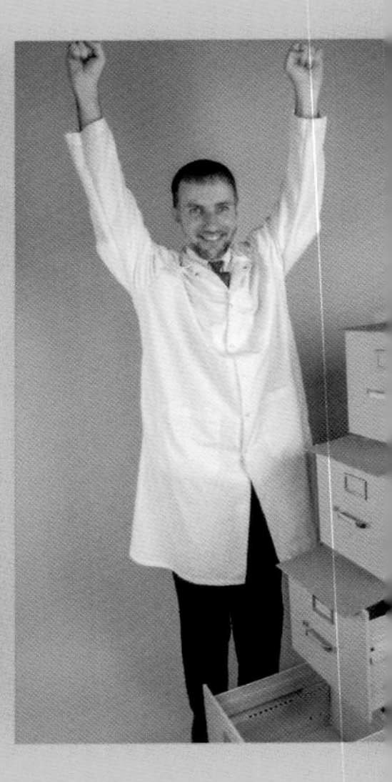

进一步的想法

你可以在互联网上看看关于我们这个实验的视频，那可真是够疯狂的。你能制作多大的便利贴瀑布？我们还没发现有什么限制。

简单瀑布的一个有趣的延伸是制作我们所谓的“群体”，需要借助一堆咖啡杯、玻璃杯或者小盒子。你可以用单叠便利贴来制作“群体瀑布”，并让它们在同一时间流动。

想象一下在大瀑布里面，你可以做怎样疯狂的颜色组合及图案。试着把一叠便利贴分成4等份，用来制作比较短的迷你瀑布（每一小叠大约25张便利贴），这样就能够频繁地变化颜色，并产生更复杂的图案。比如每25张便利贴改变一次颜色，这样在它们流动时，仍然可以感知到图案。

引申案例：风车

风车是最简单的一种引申案例，而且可以产生最有趣的变化。

材料

- 1叠75毫米×75毫米的之字形便利贴
- 胶棒

如何操作

步骤1： 数出26张便利贴（如果成对数的话，很容易数清），并将它们与剩下的便利贴分离。

步骤2： 用胶棒把便利贴的一端贴到另一端，这样就做成了我们所谓的“海星”。它可以看作是风车的雏形，但功能不是很强大，而且它不会滚动。

步骤3： 把便利贴旋转90度，使海星翻转并把它打开变成一个风车，如上图所示。

现在，风车强大到可以旋转。

想想用这些之字形便利贴，你还能做出什么。我们做出了雕塑、木偶、海星和巨大的轮子。继续探索，看看你还能发现什么。

科学原理

这些实验依赖于便利贴的独特黏性。那么，它们如何粘在一起，有什么特别之处？便利贴的发明过程是一个经典的故事——把一项看起来失败的发明通过找到正确的应用，变成了一个巨大的成功：3M公司研制出一种黏性较弱的黏合剂，并把它变成了一种不可或缺的产品。

在20世纪60年代末，3M公司的科研人员斯宾塞·席尔瓦尝试着研发一种新的聚合物，新的聚合物将具有更好、更强的黏性。他试着混合由各种小分子组成的“奇异”组合，但形成的黏合剂黏性太弱，看上去似乎没什么用。

不过这种新的黏合剂有一些有趣的特性，它只有让两张纸粘在一起的强度，因为它的黏性很弱，所以可以毫无损伤地让纸张分开。另外，纸张分开后黏性还继续保持，所以纸张可以贴到其他东西上或两张纸相互粘贴数次，而且不会留下任何的黏性残留物。

3M公司发现没有这些特性，因此还有一个问题：3M公司会如何处理这种黏性较弱的胶？

几年之后，3M公司的另一位科研人员亚瑟·傅莱注意到他的书签总是从书中掉出来。他听说过斯宾塞·席尔瓦博士的弱黏合剂，于是他想知道它是否可以用来制作一种书签，这种书签既能放在书中不易掉下来，又可以方便地取下来改变位置。

3M公司又花了5年时间来完善思路才将其首次推向市场，它成为了非常受欢迎的便利贴。今天，便利贴和订书钉、回形针、铅笔甚至纸张本身一样都是工作场所必不可少的。从某种程度上说，全是因为有人认识到这种“研制失败的产品”是一种非常独特的黏合剂，才成就了这个原来失败的发明。

第14章 神枪手发射器和神枪手中队发射器

这个项目包含了两台超酷的纸飞机发射器：神枪手发射器和神枪手中队发射器。首先，将介绍如何制作神枪手发射器所发射的纸飞机。它是飞镖的一种变形，并根据发射器的特点做了一些修改，这样用一个机械发射器就能使它很好地工作。接着，我们将制作神枪手发射器，它能精准无比地将一架普通的纸飞机发射到18米以外。最后，将制作神枪手中队发射器，它可以在同一时间发射10架纸飞机。

工作原理

在你手中平放一张打印纸，然后把你的手移开，看着纸慢慢地飘落到地板上。

现在将这张纸揉皱，并让它从同样的高度落下，它下落得更快。为什么会有下落速度快与慢的差异？

下落时，平整的纸会比揉皱的纸接触更多的空气分子。接触空气分子产生了空气阻力，从而减缓了物体的下落速度。平整的纸遇到了较大阻力，因此它会缓慢地下降并飘落下来，而那张揉皱的纸和空气的接触面较小，它在下降的过程中接触的空气分子较少，遇到的空气阻力也比较小，因此它下降得更快。

当制作经典的飞镖纸飞机时，应该用一种特定的方式折叠纸张来减小空气阻力，使飞机尽可能长时间地滑行。我们希望它像一张纸那样慢慢地飘落下来，但同时要能控制飞行方向，而且还希望它以揉皱的纸团那样的速度在空气中飞行。

在经典的飞镖纸飞机设计中，你会注意到飞机的后端比它的前端有更大的表面积。这意味着当飞机下落时会比它向前飞行遇到更大的空气阻力，因此这种结构使它更容易穿过空气向前移动，而且这种飞机结构同时具有阻挡其下落的特点。

开始的时候，纸飞机需要一个推动力。在这个实验中，我们用橡皮筋提供初始向前的动量。

实验：神枪手发射器

材料

- 216毫米×280毫米的打印纸（你想要做多少架飞机就准备多少张纸）
- 回形针（和你的打印纸数量一样）

为发射器增加的材料

（10个以下的发射器中队）

- 一块610毫米长、25毫米×75毫米的钉板条
- 两块90毫米长、25毫米×75毫米的钉板条
- 一块150毫米长、50毫米×100毫米的废木材或类似的木块
- 4颗30毫米的干壁钉
- 两个眼钩
- 一根直径10毫米、长100毫米的木销钉
- 木板胶
- 两根大橡胶带
- 胶带
- 一个50毫米长的开口销

- 两块1.8米长、25毫米×75毫米的钉板条
- 两块230毫米长、25毫米×75毫米的钉板条
- 40颗30毫米长的干壁钉
- 4颗50毫米长的干壁钉
- 3.05米长的线或绳子

工具

- 手锯或斜切锯
- 螺钉枪或螺丝刀
- 带10毫米和2毫米钻头的钻孔机
- 方形尺
- 剪刀

如何操作

神枪手纸飞机

步骤1： 将一张216毫米×280毫米的纸纵向对折。

步骤2： 将纵向折叠的部位放在底部（最接近你的位置），最上面一层的右上角向下折叠，这样折角的底部边缘和纸张本身的纵向折痕是水平的。

步骤3： 翻转纸张，按步骤2将右上角对称折叠到另一面。

步骤4： 采用步骤2和步骤3里面的对角折叠方法，在纸两面的同一位置做第二次对角折叠。这样底部边缘和原来的纵向折痕是水平的。

步骤5： 在同一位置的两侧，用完全相同的方法做第3次对角折叠，从顶端折回来，对准底边，折叠后的边和原来的纵向折痕是水平的。这时你便拥有了一架纸飞机！

步骤6： 将回形针开口的一侧向外弯曲，以便在回形针顶部的弯曲处形成一个45度角。

步骤7： 打开纸飞机的中心位置，将回形针的末端穿过纸飞机折叠中心（离飞机的尖端大约75毫米）的底部，这样开口端伸出一个约45度的角。用胶带把回形针和飞机内部粘在一起。

步骤8： 将纸飞机两侧并到一起合上，并用一小块胶带跨过缝把它们粘住。

重复这个过程，你想要多少架纸飞机就可以制作多少架纸飞机。这里需要为神枪手中队发射器准备10架纸飞机。

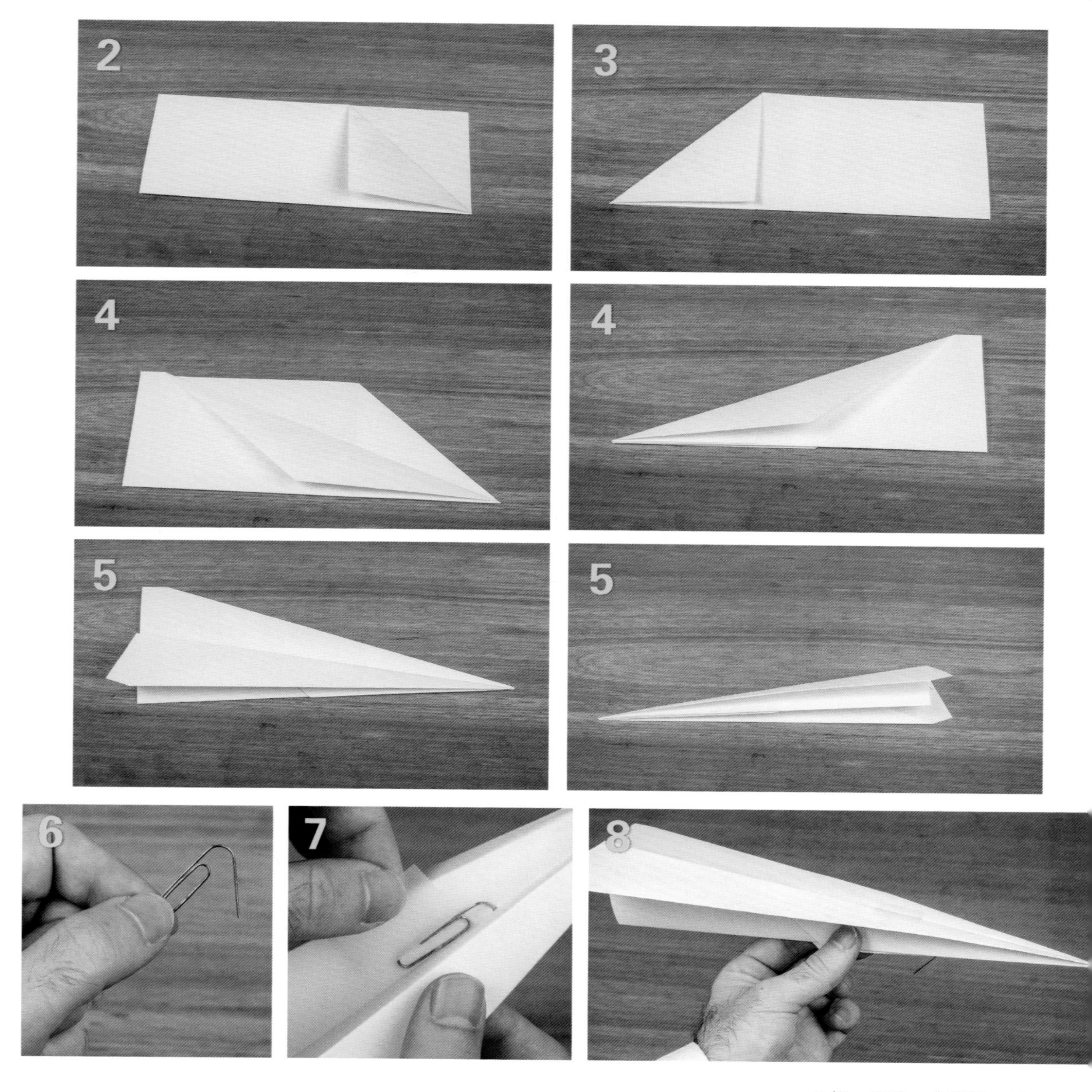
2
3
4
4
5
5
6
7
8

中村悠一式纸飞机

尽管现在有数以百计的纸飞机折叠方法，但我们发现大多数人在小学里学会折叠的第一架纸飞机是经典的飞镖式纸飞机。如果你正在寻找一种可以快速折叠和飞行的纸飞机的话，那么可以试试中村悠一式纸飞机——一种对经典飞镖式纸飞机的完美改进款。这种纸飞机不大容易制作，因为它的折角很难插入“折叠锁”中，但它是一种有趣的纸飞机，我们有必要知道它是如何制作的。

中村悠一介绍了关于经典飞镖式纸飞机的一些基本的折纸技巧，并提出了一些纸飞机设计上的最重要的改进。中村悠一在纸飞机中心引入简单的“折叠锁”，使纸飞机的两部分紧贴在一起，同时这种设计把纸飞机的重心转移到对飞行而言更佳的位置。下面将介绍如何制作这款纸飞机。

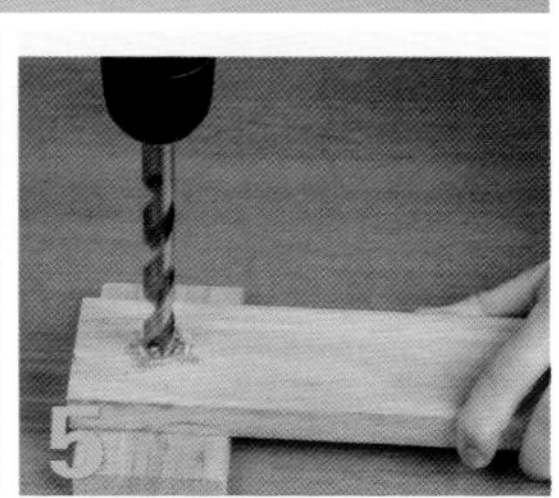

神枪手发射器

神枪手发射器是一个简单的使用橡皮筋作为动力的纸飞机发射器。一串橡皮筋被安装在发射器上，并用一个开口销把它们控制在适当的位置。当你准备发射时，用橡皮筋钩住纸飞机上的回形针，然后拉出开口销；释放橡皮筋，纸飞机便从发射器上射出。

步骤1： 用斜切锯锯下一块610毫米长的25毫米×75毫米的钉板条。这将是你的神枪手发射器的基座。

步骤2： 锯下两块侧面尺寸为75毫米×75毫米、90毫米高的钉板条，这将是你的纸飞机支撑平台。

步骤3： 在610毫米基座的一端，安装两个纸飞机支撑。这种支撑应该固定在纸飞机末端，平行放置且彼此分开大约10毫米，它们之间的间隙要与基座的中心对齐。正确定位后，每块木板下面用两颗30毫米的干壁钉连接这两个纸飞机的支撑。

步骤4： 在每个纸飞机支撑的前部边缘（此边缘面对着610毫米基座的另一端），也就是刚好在距上部边缘20毫米的地方，用手将一个眼钩拧紧。旋转眼钩直到两块支撑木上面的孔相互垂直对齐为止。

步骤5： 使用带10毫米钻头的钻孔机，在610毫米基座的另一端钻一个孔，离板钉条末端的距离为25～50毫米。你可能要放一块废木头在钻孔位置的底部，用来保护下面的桌子。不要一直钻孔，钻入大约3/4的基座深度即可。接着，用木板胶把10毫米的木销钉固定在孔中，这样木销钉就会笔直地立起来。

步骤6： 将两根橡皮筋连接在一起（如果两根橡皮筋从基座的一端拉伸到另一端时不够长，可以使用更多的橡皮筋）。下页介绍了把橡皮筋连接在一起的方法。用木销钉的顶部钩住这一串橡皮筋的一端，然后用一些胶带把橡皮筋的一端固定在木销钉的顶部。接着，在这根橡皮筋链的另一端打个结，形成一个打了结的环，环的直径大约为25毫米。将纸飞机连接到这个环上。

如何将两根橡皮筋系在一起？

首先用一只手的食指尖和拇指尖撑起一根橡皮筋（我们称这根为顶部橡皮筋），然后将第2根橡皮筋（我们称这根为底部橡皮筋）放在食指尖，如下图所示。用另外一只手通过底部橡皮筋，然后抓住顶部橡皮筋，让它穿过另一根橡皮筋后开始往回拉。现在用食指和拇指捏住底部橡皮筋，这样当你的双手用力拉时，就会产生一个交错的结，如下图所示。

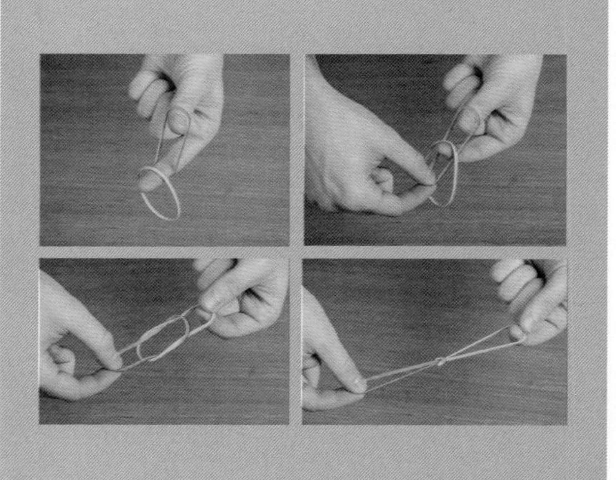

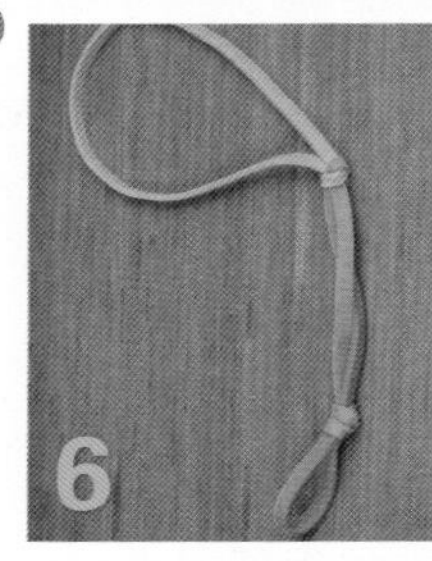

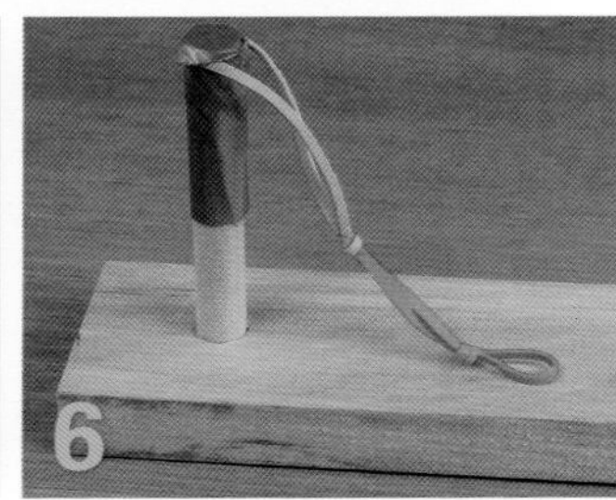

步骤7："神枪手"准备射击，把橡皮筋拉回到发射平台处，用开口销把它控制在适当的位置。你可以把食指和中指插入离木销钉最远的橡皮筋的大环（不是步骤6里面那个打了结的小环）中，用力把橡皮筋拉回来，以便于它在纸飞机支撑的中间通过。让拉开的橡皮筋末端与两个眼钩对齐，然后让开口销穿过两个眼钩和橡皮筋的大环。轻轻地松开橡皮筋，这样它就会紧贴着开口销。一定要让打了结的小环在上面而且竖起来，正好在眼钩的上方。如果它在下面，可以滑动或调整橡皮筋直到小环位于眼钩上方，为拉动纸飞机上的回形针钩做准备。

如果设置好了，它应该看起来像下面的图片所示。

步骤8：把发射器放在桌上或地板上。将一块50毫米×100毫米的废木头放在基座的前下方，让基座倾斜。你可以来回滑动这块木头，或者在基座下面添加更多的木块，将发射器调节到你想要的角度。

确保在你前面有一个开阔的空间，至少有18米（这样可以让纸飞机在撞墙之前尽可能飞得远一些），飞行路径的两侧也应该保持开阔的视

射击练习

设置一个射击目标，这个实验就变得更加有趣了。我们可以瞄准远处车间尽头一扇打开的窗户，它离我们发射的地方有18米远。经过几次尝试，我们发射的几架纸飞机顺利地穿过窗户。起初，发射有时成功有时失败，但神枪手发射器是非常高效的发射器。通过不断调整位置并认真瞄准，你很快就会击中目标。.

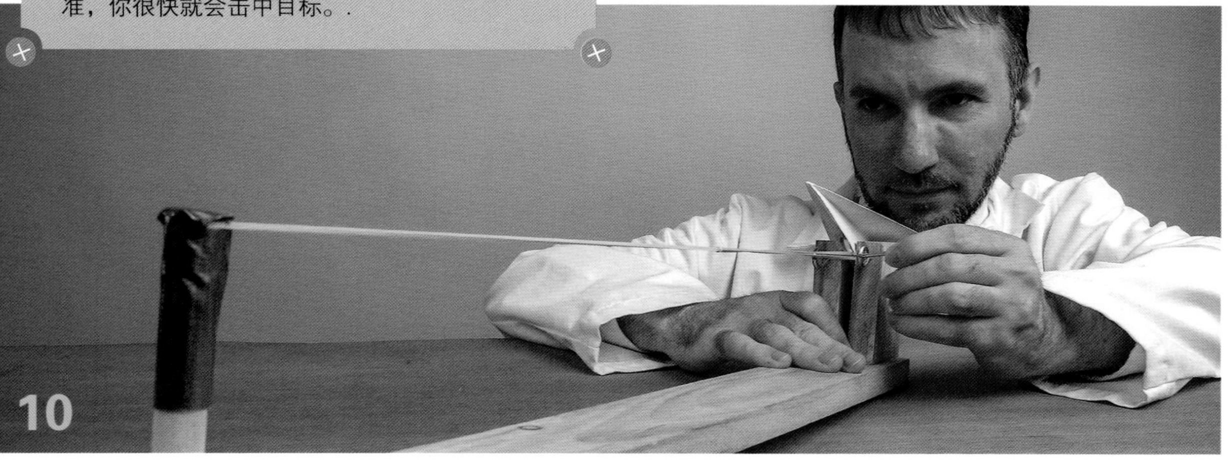

野。因为纸飞机不会总是直线飞行，特别是一旦它们在先前的飞行过程中受了轻微损坏后被再次折叠时。

步骤9： 装载纸飞机。将纸飞机的中心部分一起捏住，在纸飞机支撑平台的中间准备瞄准，这样纸飞机的翅膀就会在支撑平台的上方。接着，用回形针钩住橡皮筋上打结的小环（在眼钩之上）。

注意： 如果你用回形针钩住纸飞机的大环（开口销控制的拉力作用下的那根橡皮筋），发射器就不能很好地工作了。

步骤10： 让你的纸飞机瞄准开阔的空间，然后拉出开口销，松开橡皮筋。如果一切顺利，纸飞机就会向前笔直地飞行。如果想加大纸飞机起飞时的力量，那么根据需要加更多的橡皮筋到橡皮筋链上即可。

神枪手中队发射器

这个神枪手中队发射器是由10个神枪手发射器组成的，开口销是串在一起的，因此，它们能被同时拉出。

步骤1： 制作10个神枪手发射器。

步骤2： 用锯子锯下两块1800毫米长的25毫米×75毫米钉板条。这两块钉板条形成了这个神枪手中队发射器的基座，你可以在上面加上许多单个的神枪手发射器，如下图所示。

使用一些30毫米长的干壁钉，把单个的发射器和两块横木板固定住，在每个发射器之间留下115毫米的空间。使用两颗干壁钉，将它们固定在对角线的位置，把每个神枪手发射器和两块长钉板条连在一起。将干壁钉放在对角线上将有助于减少单个发射器造成的扭曲。当你把一切都连接好后，尽量使发射器均匀地排成一行，而且让所有的发射器平行并且指向正前方。

步骤3： 用锯子锯下两块230毫米长的25毫米×75毫米钉板条。这两块支撑将抬起神枪手中队发射器的前端，这个神枪手中队发射器的发射方向是向上倾斜的。在第3个和第8个神枪手发射器的末端，用带3毫米钻头的钻孔机钻两个定位孔（这有助于确保木头不开裂），接着将两颗50毫米的干壁钉从顶部拧入每块230毫米木板的末端。

步骤4： 制作发射用的销绳。用剪刀剪下一根3米长的线或绳子。

将绳子的末端在一个开口销上打个结，接着将绳子分别在接下去的9个开口销上打结，彼此分开200～230毫米。

这可能是个难系的结。下面介绍一个很好系的

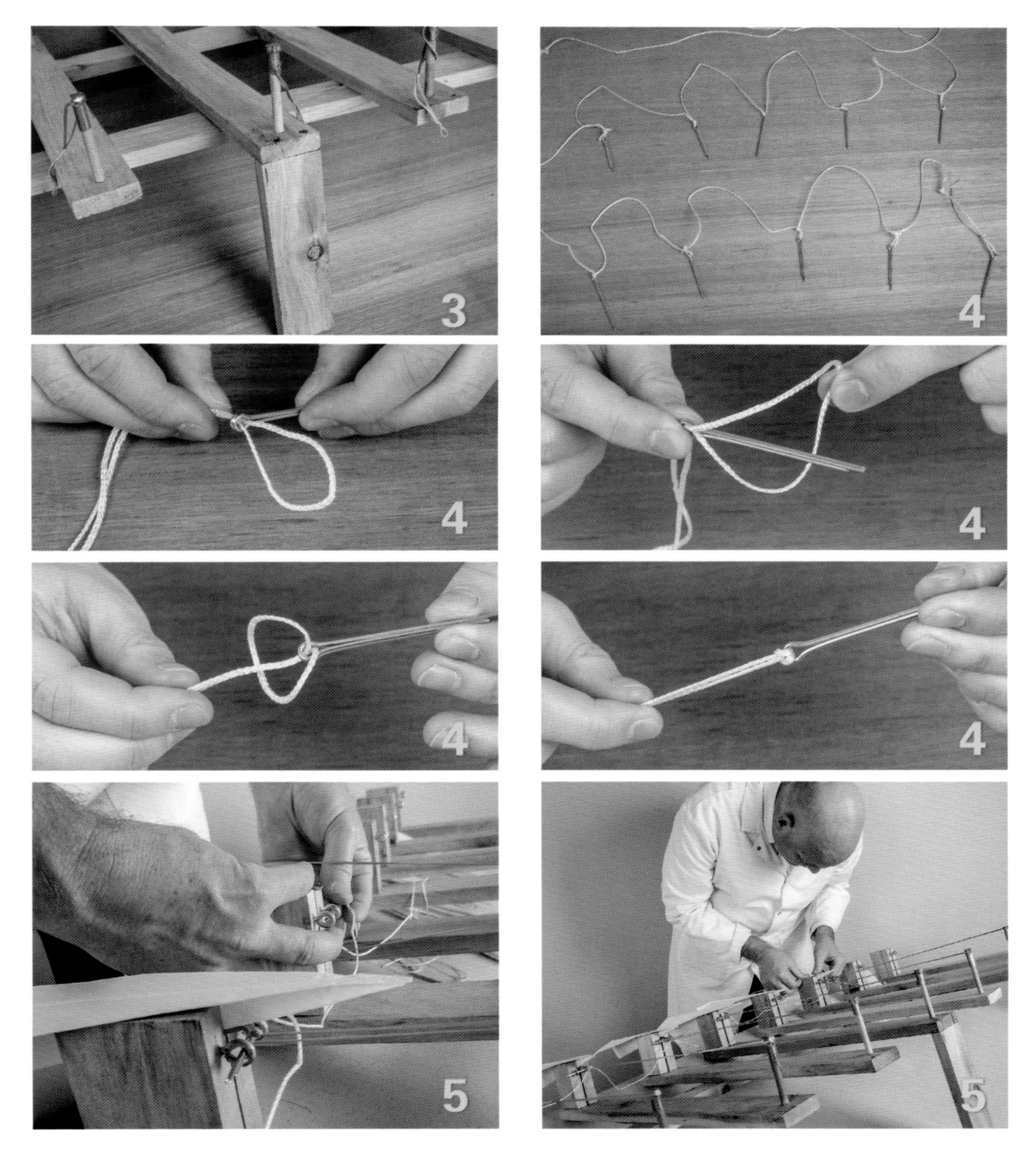
3
4
4
4
4
4
5
5

结：先定好绳子上的一点，如果你想用这一点在开口销上打结，只需把绳子绕成环状，并把这个环穿过开口销上面的孔，然后将环向上拉起并越过开口销，让销穿过绳环。一旦销穿过了绳环，把绳子向后拉紧，这样就打成了一个很棒的结。

步骤5： 让发射销的绳子横穿发射器，这样每一对眼钩都有一个开口销正好在它们旁边。准备发射器，确保每根橡皮筋每次发射时都有一个开口销控制。从发射器的末端开始，以你的方式朝着远端拉动开口销。和神枪手发射器一样，将橡皮筋往回拉，让橡皮筋在纸飞机支撑平台的中间，和眼钩保持水平；插入第一个开口销，让它同时穿过两个眼钩和橡皮筋环。进行此操作时，注意将所有的开口销调整到一条直线上是很重要的，这样开口销的头部（绳子系住的地方）都会面向你将拉动绳子的一侧。（当拉动绳子时，“反向”的开口销不会通过眼钩，而且绳子会被卡住。）

步骤6： 所有的单个发射器都装好后，仔细检查装置，所有的开口销调整到正确的方向了吗？一旦开口销都装好了，就每一个发射器装上一架纸飞机。

步骤7： 检查你前面的区域，它应该是空旷的，然后拉动发射绳，你的整个中队发射器的10架飞机将同时射出。

如何让纸飞机飞行？4个主要的力必须保持平衡：重力、阻力、推力和升力。前两个力阻碍纸飞机飞行并将使其下落；而后两个力可以帮助纸飞机克服重力和空气阻力，并让它停留在空中。

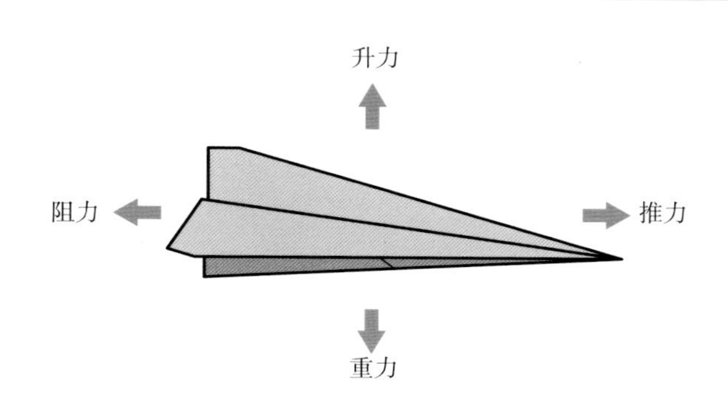

重力在地球上，重力总是把一切物体都拉向地面。任何物体在飞行时都必须用一个与重力大小相同、方向相反的力来克服自身的重力。这种相反的力称为升力。如果升力大于重力，物体会向上飞行；如果升力小于重力，物体会下降。如果没有升力，在重力作用下，这个物体就会像一块石头（或一个皱巴巴的纸团）那样掉下来。但在地球的大气层内，一张纸会比一块石头下落的速度稍慢一点，那是因为空气阻力大小不同。

阻力这里所说的阻力是指空气阻力，它会消耗能量并让纸飞机放慢速度。阻力也是在汽车设计中需要考虑的一个因素。汽车有很多符合空气动力学的外形设计（就是利用外形来减小空气阻力），这样汽车就能行驶得更快、更省力（换句话说就是省油）。100年前，我们不太了解空气动力学，设计的汽车外形与现在是不同的。

不同的汽车外形形成的阻力也不同

推力是推动纸飞机（或其他东西）前进的任何一种力量。比如真实的飞机，它的推力可能来自螺旋桨也可能来自喷气式发动机。纸飞机的推力是由人的手或神枪手发射器上的橡皮筋来提供的。推力可以帮助纸飞机克服空气阻力。

升力是向上的力，可以抵消重力。在真实的飞机上，升力产生于精确成形的机翼。机翼的侧面向前运动在机翼上产生了低气压，而在飞机向前飞行穿过空气时，较高的气压在机翼下面产生。如果机翼上面的空气压力小于机翼下面的空气压力，那么空气本身就会推动机翼上升。飞行员改变飞机的高度（上升或者下降）的方法之一是通过改变机翼的角度来使其上面的气压产生变化。

换句话说，一架飞机要保持飞行状态，升力必须大于让飞机下降的重力；同时为了让飞机向前飞行，推力必须大于空气阻力。

并不是在空气中移动的每种物体都会“飞行”。大部分物体下降的速度比较缓慢，也有些物体下降的速度比较快。比如当你扔一根木棒或一块石头时，它们在空气中只具有你向前扔而产生的推力。如果没有其他任何力量加到这个推力上，空气阻力就逐渐减小它们向前的动能，重力使之越来越快地下降。可以肯定的是扔出去的木棒会向前移动，它会在向前移动的同时下降。如果你把木棒向上扔，它就会上升，但是它不能长时间在空气中保持上升状态，因为一般的木棒没有很好的形状来产生额外的升力。除了你向前甩手臂的力量，没有其他力量能够帮助木棒克服重力和空气阻力来进行飞行。

在设计纸飞机时，主要是考虑最小化纸飞机向前飞行时遇到的空气阻力，最大化机翼下方的空气阻力，因为纸飞机会由于自身重力而不可避免地向下坠。这样能够将发射器产生的推动效应最大化并延长纸飞机的“坠落”时间。我们经过实验发现改进的飞镖形状的纸飞机，其宽阔的机翼能够产生一些升力。假如我们把纸飞机设计成能提供最大化升力的外形的话，根本不需要用很大的力量发射它们。这就是经过适当设计的经典的飞镖纸飞机，在获得较好的发射力时，能够沿直线飞出很长一段距离的原因。

Ⅲ级

做点大工程

不要忘记！

注意安全！下面将进入Ⅲ级，这里用前文的“一段关于安全使用工具的话”来提醒大家。不管是使用电动工具，还是你希望找人帮忙，请保持良好的工作状态，而且要戴好护目镜！

第15章 鼓风机气垫船及类似的气垫船

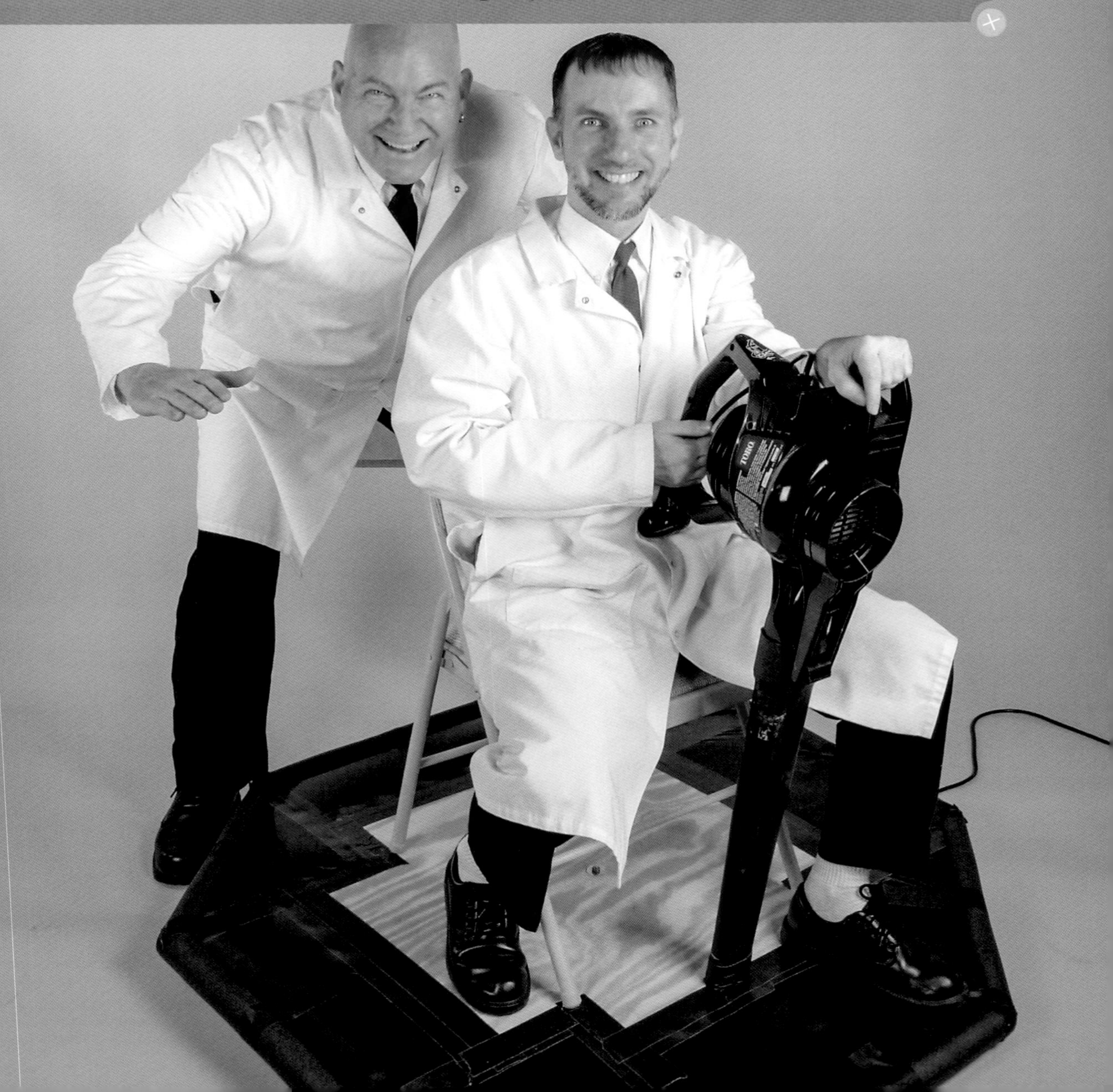

你曾经梦想过在气垫上飘浮起来吗？听起来不可思议，但是这并非不可能。仅仅使用一台鼓风机、一些胶合板和一张塑料纸，你就可以飘浮起来！

我们将展示你能够制作的3种不同的气垫船：从小型的到如人一般大小的。首先从用一张CD和一个气球制作桌面版的气垫船开始，接着会用一台吹风机和纸盘制作气垫船，最后会制作真正的人类交通工具——鼓风机气垫船。

工作原理

当你关闭气垫船时，它只能停留在地板上，并且很难滑动，这是由于气垫船和地板之间存在摩擦力。

打开鼓风机，气流会使气垫船的底部和地板分离，现在气垫船可以几乎无摩擦地向前滑动，顺畅前行。

怎样才能让气垫船和地板分离呢？正如我们刚才在纸飞机实验里看到的，飞机能够起飞是因为它快速向前运动时，推动了机翼周围的空气，使得在机翼上方产生低气压区，在机翼下方产生高气压区。这种由于压力差而产生的力叫作升力，它真是名副其实，让纸飞机升入了空中。与纸飞机不同，气垫船不需要移动就能上升离开地面，它是通过向下推动空气，在其下方产生一个高气压区来产生升力的。

为产生足够的升力，必须向气垫船下面喷出大量的空气，这需要消耗大量的能量。20世纪50年代，一位名叫克里斯托弗·科克雷尔的工程师想出了一种非常有效的解决上述问题的方法，从而在不必消耗大量能量的前提下能够建造大型气垫船。科克雷尔想出的办法是，用持续不断供应的空气在环形气垫中间产生高气压。你可以通过在鼓风机气垫船下面安装一条塑料裙来模拟这一原理，用同样的方式来帮助引导气流，这样仅仅一台鼓风机的动力就足以让一个人升离地面。

实验：桌面版气垫船

让我们从小型气垫船开始，快速而简单地制作一个桌面版的气垫船。

材料

- 一个弹出式瓶盖，来自塑料饮料瓶或洗洁精瓶（向上拉就打开、向下推就关闭的那种）
- 一张旧CD或DVD光盘
- 胶水
- 一个气球

如何操作

步骤1： 把弹出式瓶盖向下推，这样它就密封住了。接着把弹出式瓶盖直接粘在CD/DVD光盘中心的孔上面。

步骤2： 给气球充气，接着捏住气球吹气口，使它不往外漏气，然后把气球吹气口放在弹出式瓶盖上面。扭气球颈部几圈，确保直到你准备好发射前没有空气泄漏出来。

步骤3： 将桌面版气垫船放在一个光滑的桌面上，压住气球颈部，拉开弹出式瓶盖，然后松手。当气球被松开时，排出的空气将流过瓶盖，进入CD/DVD光盘下面，产生一个气垫，桌面版气垫船将飘浮起来。气球里的空气耗尽之前你可以毫不费力地将它往任何方向推。

实验：吹风机气垫船

材料

- 3个纸盘（纸盘越坚固，你需要的纸盘数量就越少）
- 胶带
- 一台吹风机
- 一支铅笔

工具

- 剪刀

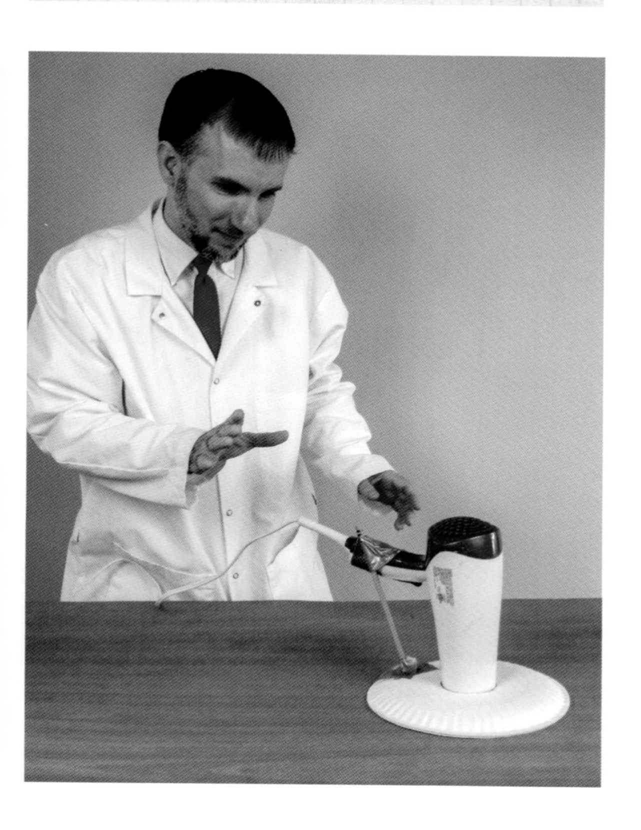

如何操作

步骤1： 把纸盘堆放在一起，可以用胶带沿着盘子的边缘将它们粘在一起。

步骤2： 在一堆纸盘的中心画出吹风机喷嘴的轮廓，然后用剪刀在盘子中心剪出喷嘴的形状。

步骤3： 把吹风机的喷嘴放入剪出的孔里，并将它牢固地粘在纸盘上。如果孔大小正合适的话，你可以刚好把吹风机的喷嘴放进去。

步骤4： 用胶带把铅笔的一端和吹风机的手柄粘在一起，接着把铅笔的另一端和纸盘粘在一起。这样，铅笔就可以作为吹风机的一个支撑，防止它倒下来。

步骤5： 把气垫船放在地板上，纸盘朝下，插入吹风机的插头，然后将吹风机打开到最大挡。这时吹风机气垫船就自由地飘浮起来了，只要吹风机的电线长度允许。如果你的吹风机有这样一种设置——仅仅吹风而不加热——那是最好的。因为你不需要热空气，只需要大量的风力。

如果有不止一台吹风机的话，你可以制作多个吹风机气垫船。你能想出用两个小气垫船来做点什么吗？

实验：鼓风机气垫船

这种气垫船是将一张0.15毫米厚的塑料裙放在一块胶合板底部作为底座。鼓风机通过胶合板上的小孔来给塑料裙充气，这个切割出来的小孔与鼓风机喷嘴相吻合。接着空气充满裙子，并通过裙子底部6个直径50毫米的孔逃逸出去。从那些孔里逃逸的空气充满了气垫，气垫船就飘浮在气垫上。这个基本的设计至少可以追溯到1987年，华盛顿州肯特市的芭芭拉·萨乌尔物理老师在一堂课上展示了一种“气垫圆盘”的装置。他的设计成果发表在1989年11月的《物理老师》期刊上，并经威廉·贝蒂进一步完善。

材料

- 一块厚度为13毫米的1.2米×1.2米的胶合板
- 一张1.5米×1.5米的塑料纸，厚度为0.15毫米
- 胶带
- 4.8米长、直径为19毫米的发泡保温管
- 一个50毫米长的螺栓，直径为6毫米
- 两个防护垫圈，直径大约为50毫米
- 一个塑料咖啡罐的盖子
- 一颗螺母，直径为6毫米
- 一台鼓风机（有电线的鼓风机是最好的；无电线的鼓风机通常动力太弱，而气动鼓风机不适合室内用）
- 延长电线（电线的长度决定了气垫船的活动范围）

关于胶合板的说明

标准的胶合板尺寸是1.2米×2.4米，难以存放和运输。不过很多五金商店和木材厂预留有1.2米×1.2米的胶合板（正是这个实验要求的）。如果五金商店里没有这一尺寸的，店员可能会很乐意将一块1.2米×2.4米的板子切一半给你，象征性地收点费用。让他们帮你弄好，这样可以省去你很多麻烦。

另外，胶合板有不同的档次，这取决于木材的质量。通常情况下，每一面都有不同的等级。比如，“B/C”等级的胶合板有一个表面的等级为“B”，另一个表面的等级为“C”。在这个实验中，最低的等级也可以使用，但无论你用哪种胶合板，请使级别高的（而且平滑的）表面为面向地面的一侧，因为平滑的一面几乎不可能粘连住塑料裙，这样裙边和胶合板的结合处就很容易脱落。

工具

- 记号笔
- 圆锯
- 曲线锯
- 带9.5毫米或8毫米钻头的钻孔机
- 带9.5毫米钉的钉枪或小订书机
- 剪刀
- 美工刀
- 两个扳手

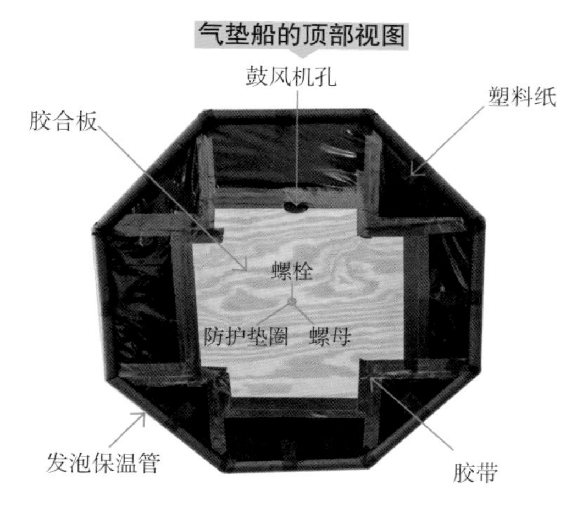

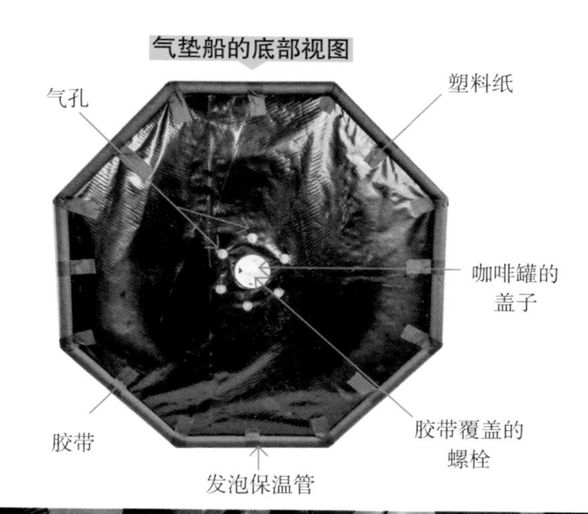

如何操作

切割胶合板

步骤1： 用记号笔在1.2米×1.2米的胶合板中心的两侧做标记，最简单的确定中心的方法是从一个角到对角画对角线。如果胶合板是标准的正方形，那么它的中心就是对角线交叉的地方。关于这个步骤，你不用担心测量是否会有偏差，因为精确的尺寸在这个实验中并不是特别重要的。

步骤2： 一旦在中心两侧做好了标记，就可以使用圆锯修剪拐角，这样就可以使一个八角形的每一个边长大约为505毫米（或者500毫米——如果你想要更精确的话）。最简单的方法是这样的：从每个角出发，在它的两边各测量355毫米，在这些点之间做好对角线的标记，然后沿着这条线切割木板。圆锯为最合适的切割工具（曲线锯很难一直保持直线切割）。

将胶合板切割成八角形，这样你的气垫船就没有锋利的角，锋利的角无论碰到什么都会造成伤害（包括你的脚趾）。只有熟练掌握了气垫船

的飞行技术，才不会撞到东西。如果想要一个光滑的外观，可以切割成圆形来代替八角形。在木板中心用小钉子钉住一根610毫米长的绳子，在绳子末端打个结作为标记，并把它当作一个圆规使用，然后用曲线锯沿着圆圈切割。

步骤3： 在胶合板的中心钻一个孔，孔的直径略大于螺栓的直径。我们使用的是直径为6毫米的螺栓，因此可以用9.5毫米或8毫米的钻头来钻孔。

步骤4： 在胶合板上为鼓风机的喷嘴切割一个

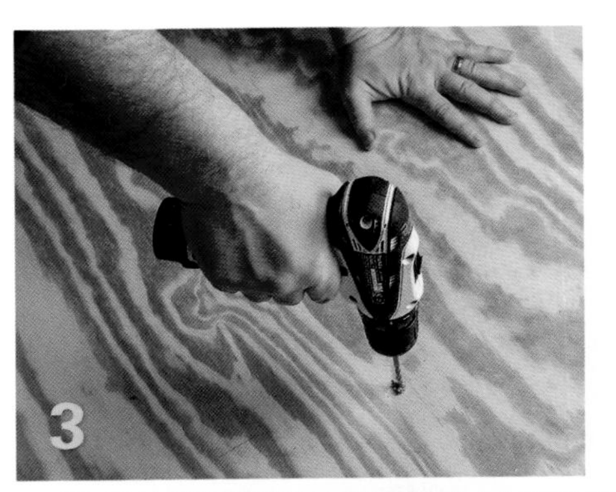

如何在一块木头中间开孔?

如果想在一块木头中间开孔，应该先从想切除的那部分开始，在它内部先钻个孔（直径要比锯条略大）。接着，在孔里面插入曲线锯，沿着你所画喷嘴孔的边缘进行切割。如果必要的话，可以将切孔的工作分多步完成，而不是一下子切出整个孔。

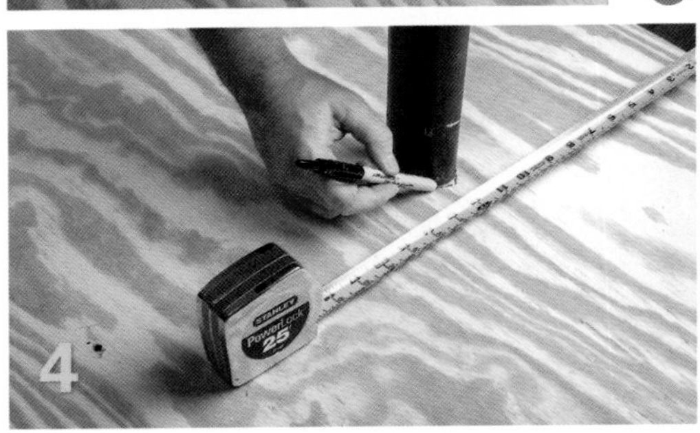

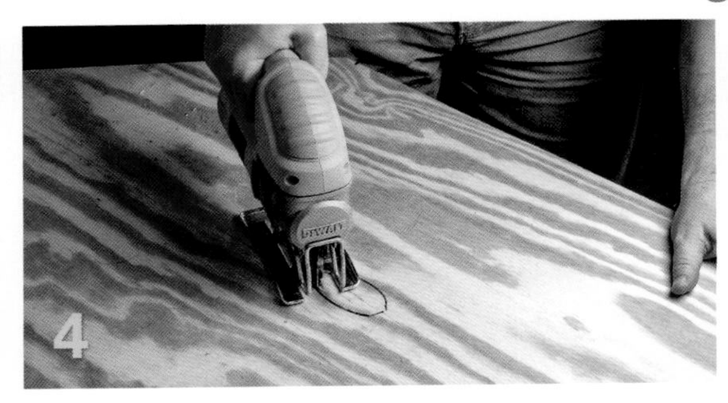

孔。要做好这一步，先要在离气垫船前部边缘300毫米的地方（离其他任何一边都是600毫米）做一个标记。接着把鼓风机喷嘴放在这一点上，并沿着喷嘴画线，最后将喷嘴的形状切割出来。

固定塑料裙和保险杠

步骤1： 展开一张厚度为0.15毫米的1.5米×1.5米的塑料纸，平放在地板上，然后把八角形的胶合板平放在塑料纸的中间。将塑料纸包在胶合板的边缘上，并用9.5毫米的订书钉在胶合板顶部把塑料纸固定好。当你用订书钉固定塑料纸时，轻轻地拉伸塑料纸，使它可以紧贴在胶合板的底部。

步骤2： 塑料纸被牢固地钉住后，用剪刀修剪多余的塑料纸，留下大约12毫米的边缘（距订书钉）。

步骤3： 用胶带将胶合板上塑料纸的所有边缘完全密封，要保证密封后不漏气。做这项工作要仔细，不要怕浪费胶带。

步骤4： 为气垫船加上保险杠。用美工刀裁下8条500毫米长的发泡保温管，并将每条发泡保温管镶嵌到胶合板的每个边缘上。可以用带黏合剂的发泡保温管，这样它将更牢靠地粘在气垫船的塑料裙上，或者可以使用胶带将它粘贴到塑料裙上。这样将制作出一个柔软但坚固的保险杠，防止气垫船被划伤或损坏它碰到的任何东西。

1
3
4

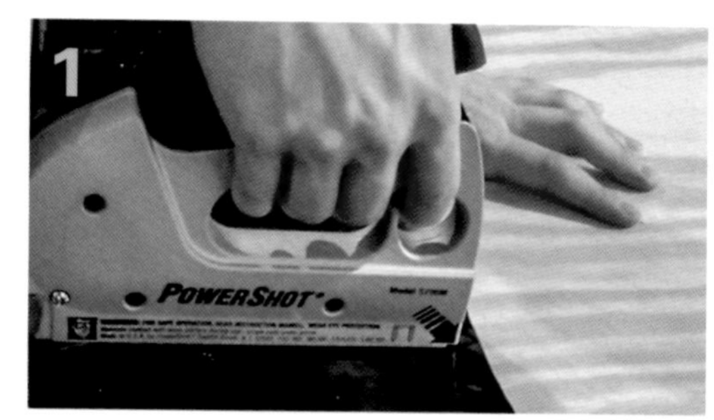
1
POWERSHOT

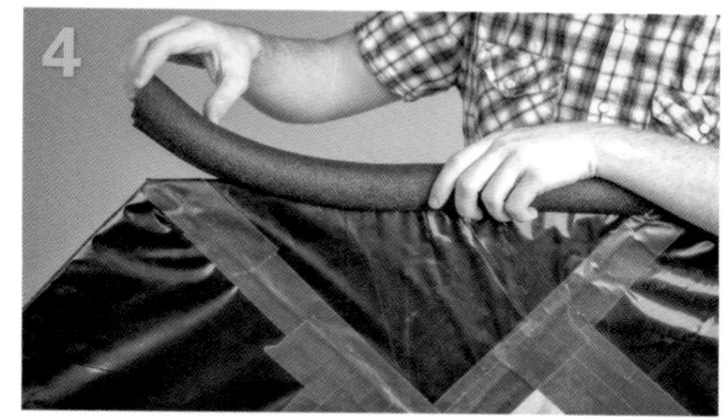
4

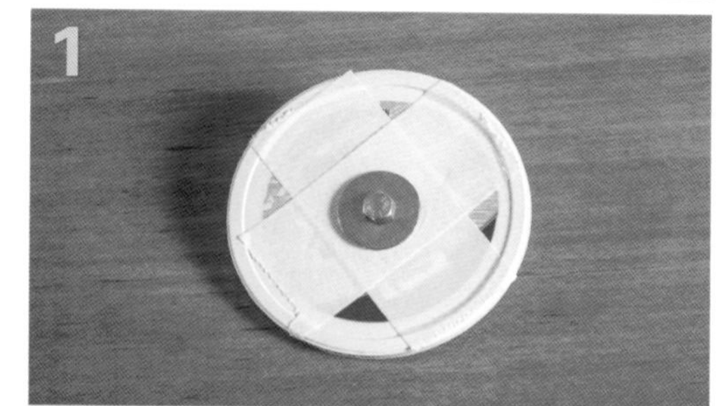
1

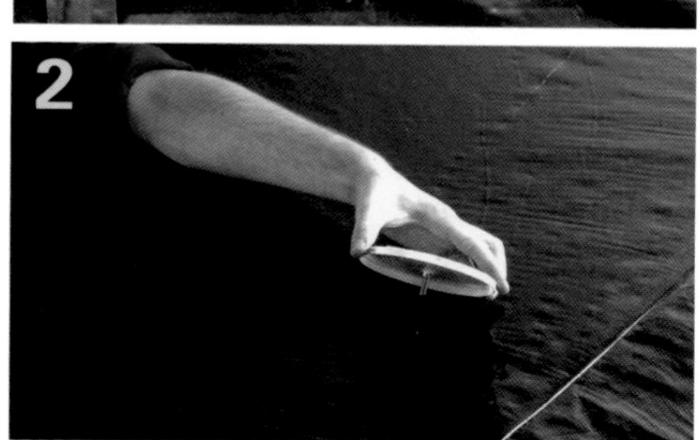
2

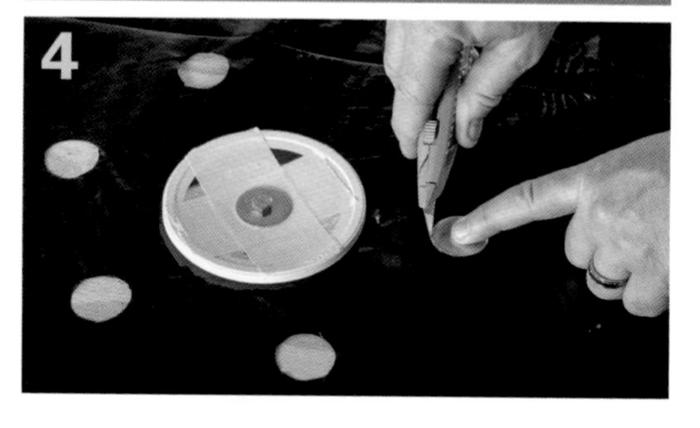
4

为气垫制作气孔

步骤1：把一个防护垫圈穿过直径50毫米的螺栓。用美工刀在咖啡罐盖子的中心切一个小的X形切口，接着将它穿过螺栓，套在螺栓上面。

步骤2：从气垫船的底部，将螺栓向上穿过塑料裙的中心，并穿过胶合板中心的孔。

步骤3：在胶合板的顶部将第2个防护垫圈穿过螺栓，然后拧上螺母。用两个扳手从两侧将螺母拧紧，确保各物件牢固地固定在一起。把咖啡罐盖子装在底部的目的是将塑料纸的中心牢牢地固定在气垫船上。将几块胶带贴在螺栓头部，这样即使气垫船滑落下来，螺栓的头部也不会划伤地板。

步骤4：用美工刀在底部塑料纸上小心地切割6个直径为50毫米的孔。这些孔应该相距大约150毫米,与咖啡罐的盖子或者气垫船中心的距离也是大约150毫米。如果你有一个额外的防护垫圈，可以将它作为一个引导物，用美工刀沿着它切下圆。这些圆的尺寸都是近似的，但要注意不要让这些孔靠得太近，否则它们之间的塑料纸可能会被高压气流撕裂。

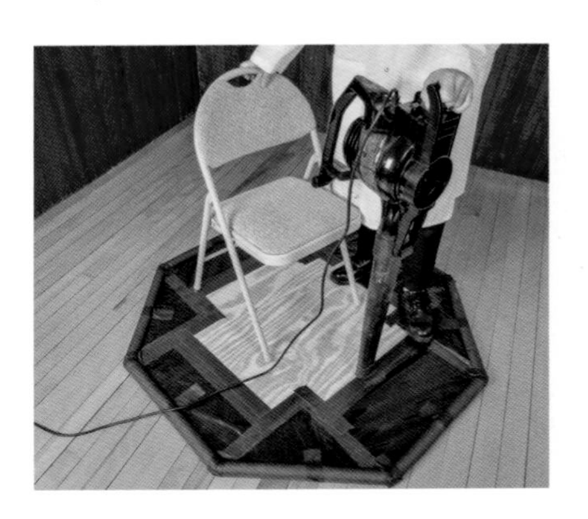

这些孔能让空气从塑料中逃逸出来，并形成气垫，气垫船在气垫上便飘浮起来。

放飞气垫船

步骤1：在气垫船中心放一把很轻的椅子。树脂庭院椅是最理想的选择，但其他比较轻的椅子（如折叠椅）也可以。你可以站在气垫船上让它飞起来，但这样很难保持平衡（站在上面会提高你的重心），而且容易摔伤。没有必要把椅子（或鼓风机）固定在胶合板上，让它们各自独立，使气垫船容易拆卸存放。

步骤2：将鼓风机的喷嘴放入你在胶合板上切割的喷嘴孔内。如果孔大了的话，需要用胶带将喷嘴与胶合板粘在一起，固定在孔里面。如果喷嘴误弹出来的话，你只能下落到地面，重新放入喷嘴。

步骤3：打开鼓风机！你将离开地面上升大约50毫米，飘浮在气垫上。若让朋友推你一下，你会几乎无摩擦地在房间里飘移起来。

不要怕浪费延长线！线越长，你就可以飘得越远。可是，在你飘移的时候，你需要得到朋友的帮助，让线不要纠缠在一起。

步骤4：停下气垫船。制动系统的设计非常简单、有效，只要关掉鼓风机即可，或从胶合板的孔里面简单地移开鼓风机的喷嘴，气囊便立即放气，你会缓慢地停下来。

注意：你可能会遇到一个常见的问题：飘浮在鼓风机气垫船上时你的身体重心是否正确居中。如果你坐的位置太靠前或太靠后，那么胶合板将倾斜，阻碍气垫船的移动。如果发生这种情况，在椅子上不断地移动你的身体，直到你的重心在气垫船的中心点上，而且气垫船是水平飘浮的。

在车轮发明以前，人们一直在寻找减少摩擦的方法。在发明简单的滚动机械装置以前，如果想要将物体从一个地方移动到另外一个地方，你可以拖它、推它或把它抬起来。对于相对较轻的物体，这样做是可以的，但对于较重的物体，令人烦恼的摩擦力会更大。

摩擦力是运动的阻力，出现在两个物体互相接触时（想要了解更多的话，参见本书“摩擦力与惯性的较量”一章中的内容）。在显微镜下，摩擦力出现在物体有一定粗糙度时，物体表面小的凸起物互相碰撞，阻碍物体之间的滑动。

当然，我们也可以把这种特性转化为优势。如果一个粗糙的物体表面坚硬（如砂纸上的砂粒），而另一个物体表面柔软（如木头或蜡），那么柔软物体表面的粗糙度会被冲击，表面将被磨损，变得更加平滑。这就是你用砂纸打磨一块粗糙的木头时发生的情况。

橡胶的表面使物体增大了接触面积

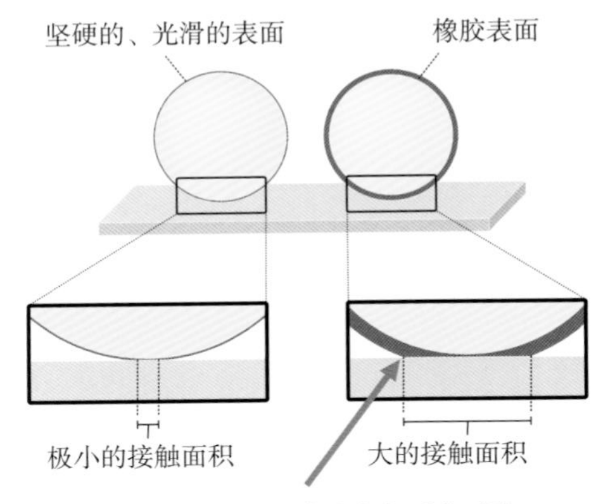

有/无润滑剂的摩擦对比

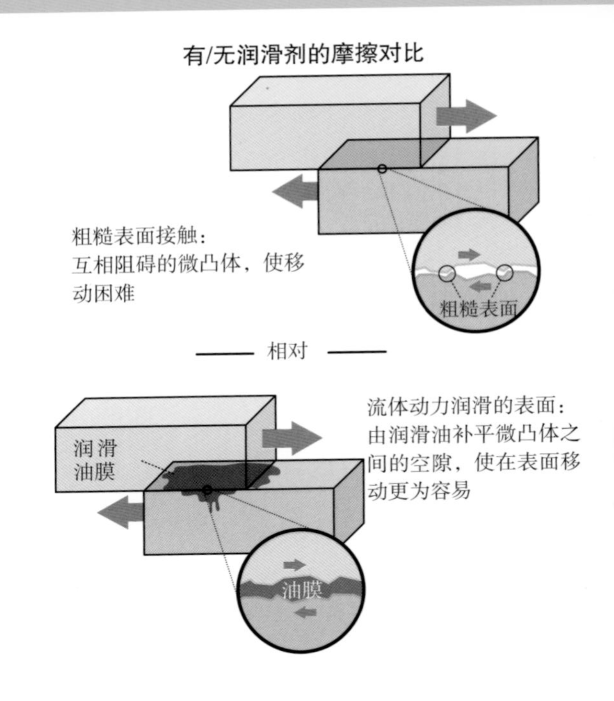

通常，我们不想让物体表面过于光滑，而是想要摩擦力形成的更好的“抓地力”。如果你曾经穿过一段结冰的人行道，那么你会知道即使是步行这样的小事，如果缺少摩擦力也会变得非常困难。

橡胶表面确确实实是防滑的，因为橡胶足够柔软，能承受其他表面的挤压。这就增加了物体相互之间的接触面积，产生了更大的摩擦力。

当两个物体都是坚硬的，而我们想让它们互相移动起来更容易时，我们经常会加入润滑油。润滑油进入到凸起物之间，并且补平凹陷处，这样它们就不会互相阻碍。加入润滑油是我们让汽车发动机活塞更好地运动的方法。假如我们抽光发动机的润滑油，零件会由于不能克服摩擦力而卡住。

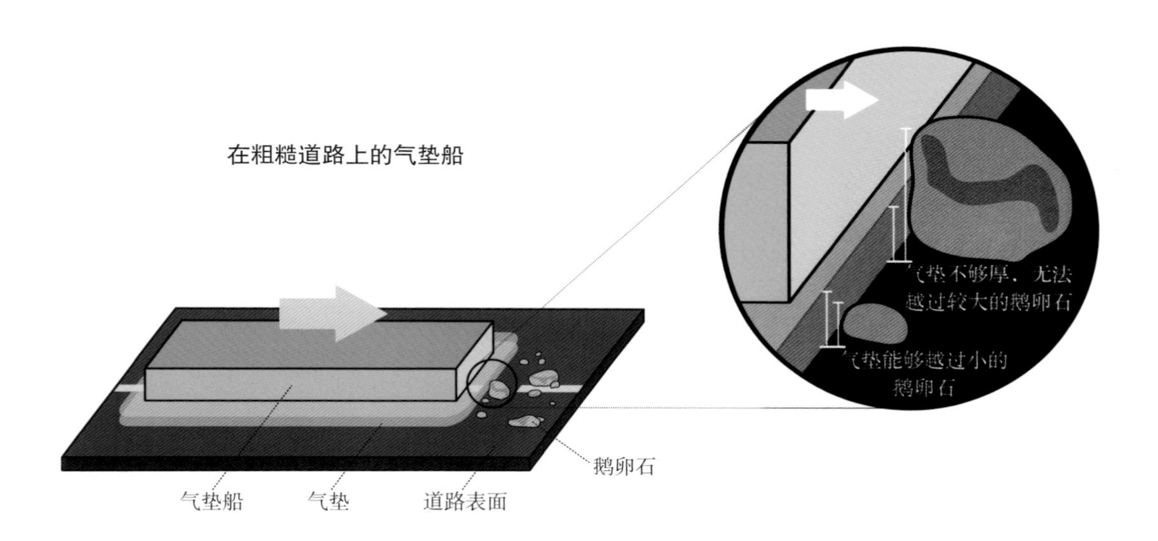

然而，就车辆而言，油不是唯一的润滑剂。空气和其他气体也能用来润滑，这就是气垫船一旦悬浮起来后容易移动的原因。

如果气垫船在足够大面积的气垫上悬浮，它能够轻松克服撞击，越过小斜坡。

这里提出一个非常有趣的问题：这种鼓风机气垫船适合公路行驶或海洋行驶吗？遗憾的是，它并不适合。因为这种相对简单的气垫船的气垫只有25～50毫米厚，它只适合越过光滑表面，例如木质或水泥地板，或者非常光滑的路面。若想能够轻易越过更为粗糙的地形——石子路、草地或波浪起伏的湖面，就需要更厚的气垫，需要确保任何鹅卵石、岩石、植物、起伏的波浪与起伏的路面都不会在气垫船滑行时干扰其底部。

能够飞越粗糙路面或其他不平整地形的气垫船，气垫厚度通常在150～230毫米，同时在气垫船周围配有裙边以容纳空气。

如果想制作一个能够在公路和水面上行驶的气垫船，所需的动力装置可以是一台老式割草机的发动机。

第16章 钟摆式造波机

在这个实验中，15个简单的钟摆（前一个摆比其相邻的摆长一点）产生了像万花筒一般的迷幻效果。当它们刚开始同时摆动时，它们会一起摆动。但是当它们继续摆动时，其中一些钟摆会彼此同步，而其他的会逐步脱节。在某一时刻，每3个钟摆会同步，这时你可以在摆动的钟摆上看到3种不同的“波浪”。过了几秒，相间隔的钟摆同步，因此你可以看到两种波浪相互靠近并穿过对方。最后，令人惊奇的是，大约一分钟后，所有的钟摆形成了一个同步的波浪。

工作原理

钟摆式造波机是基于单摆的周期原理制成的。它摆动的时间是由摆的长度来决定的，而不管在它的末端重还是轻。摆越长，它来回摆动的时间也越长。

在这个实验中，因为前一个摆稍长于下一个，所以前一个摆会比它的下一个花稍长的时间来回摆动。这意味着，虽然它们是一起开始摆动的，但最短的摆会在它的下一个摆之前稍早一会儿开始回摆，下一个摆也会在它的下一个摆之前稍早一会儿开始回摆，依此类推，一路下来，就产生了蛇形波浪运动。

终于，第一波不再那么明显了，过了一会儿，波形看起来有点混乱，出现了一种新的图案，这都是因为前一个摆的摆动速度要略快于下一个摆的速度。

钟摆式造波机中的摆要调整到非常精确的长度，比如说，在60秒内完成50次摆动，而下一个摆将在60秒内完成49次摆动，再下一个将完成48次摆动，依此类推。这意味着，在固定的时间周期（在这个例子中为60秒）结束时，所有的摆将精确地完成它们自己对应的摆动次数，而且过一会儿，它们将再次同步。

你会感到惊奇，为什么会有多种波浪图案产生呢？经过整个时间周期的一半时，第一个摆将完成25次摆动，而它的下一个摆将完成24.5次摆动。在这一点上，它们恰好是相对的，而这一刻，会出现两种不同的波：所有“偶数”的摆会在一边，所有“奇数”的摆会在另一边，于是你就可以清楚地看到这两种波摆动穿过对方。

同样，当整个周期的1/3完成时，每3个摆将同步一会儿，于是你会看到3种波摆动穿过对方。如果你认真观察的话，当每4个摆同步时，就到了整个周期的1/4时刻。

实验：钟摆式造波机

钟摆式造波机是一个特别简单的装置，为了能好好工作，它的精度被设计得很高。为了让这些摆能真正一显身手，需要仔细地调整它们，这样摆的长度才会符合要求。但不要害怕，我们已经有了一个简单的设计，可以让你很容易将摆调整到精确的长度。

最初的调整可能要花差不多一小时，但一旦此项工作完成，保持摆的形状就是一件轻而易举的事。

为了精确调整摆的长度，本设计借用了历史悠久的旋轴系统，它已在弦乐器上使用了几千年。

这里，每一个摆上悬挂着一根鱼线，在鱼线的末端连接着旋轴。细微地调节旋轴可增大或减小摆的长度，精确度可在10毫米以内。仔细调整摆长，直到该装置产生美妙而复杂的重复波形。

这里将制作15个独立摆，前一个摆的摆长比下一个摆的摆长稍长。每个摆与板的两点相连接，这可确保摆只在一个平面内摆动。因为如果摆只与一个点相连接，它会在任意方向摆动，但是如果它与两个点连接，就只能沿着一个方向摆动。

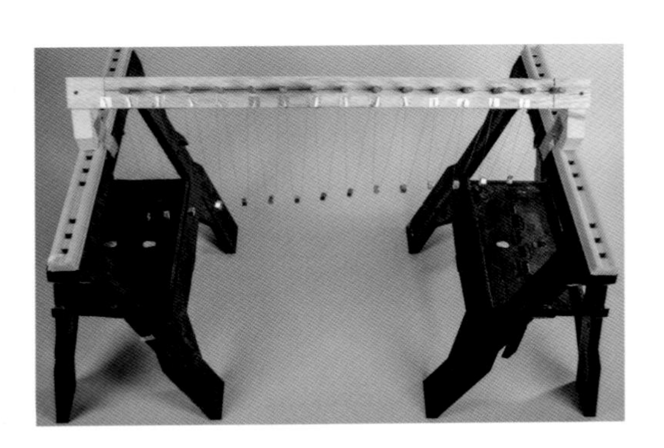

材料

- 一块1070毫米长、25毫米×75毫米的钉板条
- 两根915毫米长、直径为12毫米的木销钉
- 封箱胶带（不透明胶带）
- 一块215毫米长、50毫米×100毫米的木材
- 两颗30毫米长的干壁钉
- 鱼线
- 胶带
- 15颗六角螺母，直径大约为12毫米
- 一块宽板，尺寸大约为970毫米×100毫米（我们使用一长条12毫米厚、尺寸为970毫米×150毫米的胶合板）

工具

- 手锯或曲线锯
- 尺子
- 带12毫米钻头的钻孔机（推荐使用钻床）
- 砂纸
- 两个锯木架、桌子或椅子（同样高度的）
- 螺钉枪或螺丝刀
- 剪刀
- 卷尺

如何操作

建立脊柱

首先制作脊柱旋轴，摆将挂在旋轴上面。

步骤1： 测量和切割。用锯子锯下一块1070毫米长的钉板条。在距离每端75毫米的地方，用铅笔做好标记，在每个做标记的地方，画一条线平行于钉板条短边的直线。

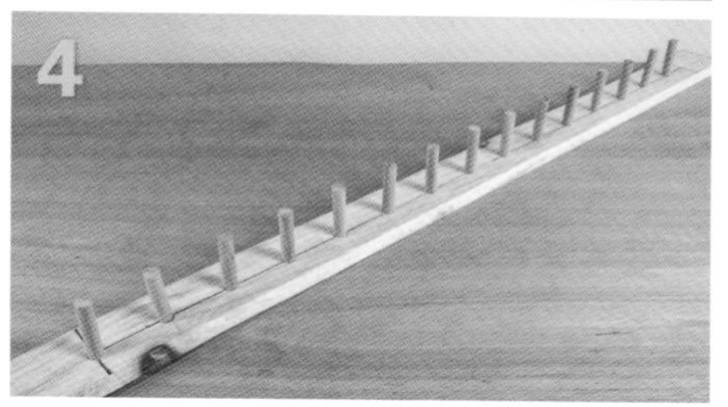

步骤2： 将尺子（长度为915毫米）沿钉板条长边方向放置，与板的底部边缘对齐。从一端开始，每隔65毫米在板子上做好标记。做完16个点的标记结束，所有邻近的点相距65毫米，前面的这15个点将成为旋轴上孔的位置。

注意： 板子的末端（在步骤1中做标记的75毫米部分）应保持干净。一旦一切都组装好，这里将是你安装展示摆的地方。

步骤3： 使用带12毫米钻头的钻孔机钻15个孔，每个孔的中心位于最先做的15个标记上。这些孔不能打穿，只能在板子上钻一半或3/4深度。如果打穿了也不用担心（但是要注意保护钉板条下面的桌子）。

步骤4： 用锯子锯下15根65毫米长、直径为12毫米的木销钉（从两根915毫米长的木销钉上截取），然后将它们插入新钻的孔中，这些就是钟摆式造波机的旋轴。把木销钉放入这些孔内时，最好紧贴着这些孔，但不要太紧，否则木销钉不易转动。如果木销钉太紧了，根本无法转动，那么可以用一张砂纸将它们打磨一下。如果它们太松了，那么可以在木销钉的末端缠一点封箱胶带，直到其能与孔正好紧贴在一起。

步骤5： 现在，锯下两个木头支架，安装在脊柱上。用曲线锯切一块215毫米长、50毫米×100毫米的木材，要使切口尽量笔直，这样才能保证做出来的木头支架不会晃动。接着，将这块50毫米×100毫米的木材斜切成两半，做成两个具有同样角度的托架。从215毫米木块的一端沿着一条边缘，在向下12毫米处做一个标记。然后，从木块的另一端沿着对面的边缘，在向下12毫米处做一个标记。画一条连接这两个标记的线，它将横穿木块，这样从距每端12毫米处开始，将得到一条对角线。沿着这条对角线进行切割，即可得到两个相同的支架。将这两个相同的木头支架竖直放置，削尖的部位朝上。

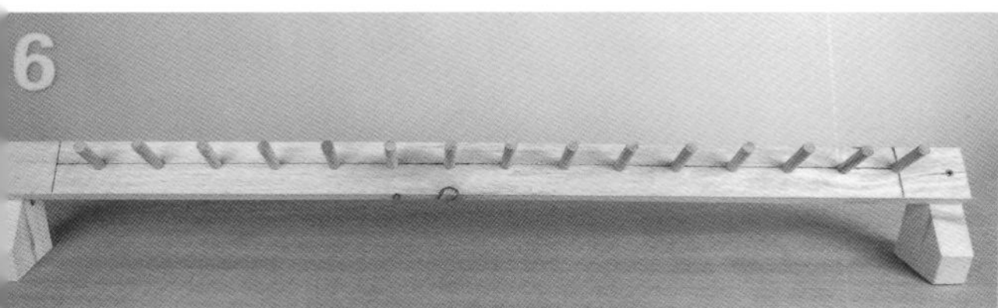

步骤6： 将木头支架固定在脊柱的两端，这样整个脊柱就会与垂直方向形成一定的角度。把两个木头支架垂直放置，彼此相距1070毫米，让短边靠近你，斜切口呈上升趋势且远离你。把脊柱放置在两个木头支架的顶部，脊柱的顶部边缘和木头支架上升点是水平的，而且整个脊柱是向你倾斜的。用螺钉枪和干壁钉把脊柱的每一端分别和两端倾斜的木头支架固定好。

悬挂摆

将两个相同高度的锯木架（至少460毫米高，如果能再高一些就更好了）放在相距大约915毫米的位置，接着放脊柱，这样脊柱就能跨越锯木架之间的水平距离。将脊柱的木头支架用胶带固定在锯木架上是个不错的主意，可以避免不小心把它整个碰翻。

如果没有锯木架，可以使用两张同样高度的椅子或桌子。理想的情况是，能从前面和侧面轻松调节旋轴，然后去最佳位置观测：沿着脊柱的长度方向观察摆的摆动情况。

步骤1： 用剪刀剪一段915毫米长的鱼线。

步骤2： 从脊柱的一端开始，用一小块胶带把一根鱼线的末端缠在第一根旋轴的侧面（你将需要许多小块的胶带，准确地说是30块，因此你需要事先准备好）。将鱼线围着木钉绕几圈，确保胶带完全被固定在木钉上，这样鱼线就不会被拉动。

步骤3： 将鱼线的另一端穿过一颗六角螺母，然后使鱼线的末端返回到脊柱上。用另一小块胶带将鱼线的末端牢固地粘在脊柱的板面上，正好在下一个旋轴的下面。这就是第1个摆，它会很好地来回摆动，鱼线固定脊柱边缘的地方就是它向前的两个支点。

步骤4： 对其他14个摆重复步骤1到步骤3。剪一段915毫米长的鱼线，把它固定在下一个旋轴上，用鱼线围着木钉绕几圈，穿过一个螺母，然后将鱼线的末端粘在板面上。重复这一操作，最后会有15颗六角螺母挂在15根V形鱼线上。

注意：到最后第15颗六角螺母的时候，将鱼线的末端粘在板面上，其位置大约就是下一个旋轴（如果再有一个旋轴的话）下面的那一点。

步骤5：用锯子锯下一块965毫米×100毫米的宽板。这里最重要的是长度，如果你的板子更宽（比如说150毫米），那它使用起来会更轻松，但是宽度不是关键。因为这是摆动板，你用它来让所有的摆一起摆动。

步骤6：练习同时摆动所有的摆：握住摆动板的两端，将板子纵向摆放在所有摆的后面，把板子拉向自己，这样它会把所有的摆朝着你的方向拉过来几十毫米。保持摆动板面几乎竖直，确保所有的鱼线停止不动。快速下拉摆动板，释放摆，使它们在同一时间开始一起摆动。

注意：你不能通过快速施加外力在摆上来使它们摆动，而只能将它们轻轻地拉向自己，然后释放它们。另外，你不需要将摆摆动得非常剧烈，因此不要将它们拉高。一个小的摆动比一个大的摆动更好一些。由于摆的状态发生一点改变，它们就会摆动得更有力，所以，只要将它们朝着自己拉过来几十毫米，然后让它们同时平稳摆动就可以了。

2

3

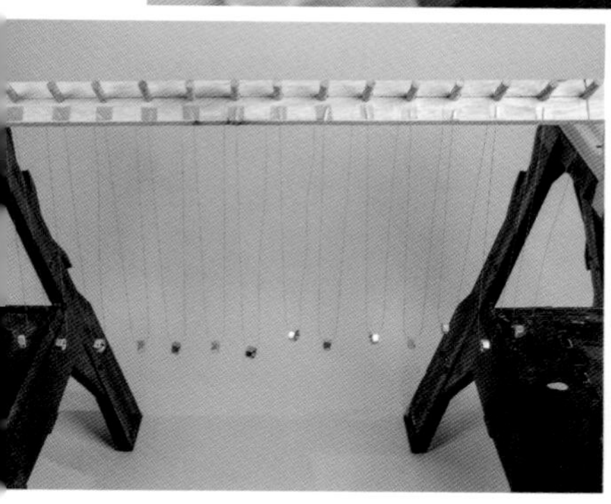

6

6

调整摆长

现在到调节摆的长度的时候了，你唯一需要的工具是卷尺，而且要多一点耐心。

步骤1： 从悬在脊柱边缘的鱼线开始测量其到六角螺母中心的距离（不是顶部或底部，而是中心位置），所有15个摆的测量尺寸应如下：

→343毫米	→295毫米	→257毫米
→330毫米	→286毫米	→248毫米
→318毫米	→275毫米	→240毫米
→306毫米	→265毫米	→232毫米
→225毫米	→217毫米	→211毫米

这些尺寸都是大概的数据。钟摆式造波机正常工作将需要比这更精确的数据，但可以从接近正确的数据开始进行微调。

从一端到另一端逐个调整每个摆的长度，让它们尽可能地接近这些数据。摆长取决于每颗螺母和脊柱边缘相距多远。首先将鱼线围着旋轴绕足够的圈数，把螺母提高到几乎完全相同的高度，然后拧旋轴进行微调。一旦这个摆的长度接近精确长度，就可以接着调整下一个摆。

注意： 当调整摆的长度时，要把鱼线绕在每个旋轴的底部，紧挨着脊柱板，这是很重要的。因为假如将鱼线绕在远离脊柱底部的位置，那么摆就不会正常摆动，所以，要确保线圈能一直保持在旋轴的底部。

步骤2： 现在精确地调整它们。从刚才的前6个摆开始，拿着摆动板，把6个长摆一起拉回来，然后同时释放它们。再强调一次，不要拉得太远，因为一个小的摆动会使图案更容易看清。

从长摆一侧的脊柱的末端观察，你可以在开

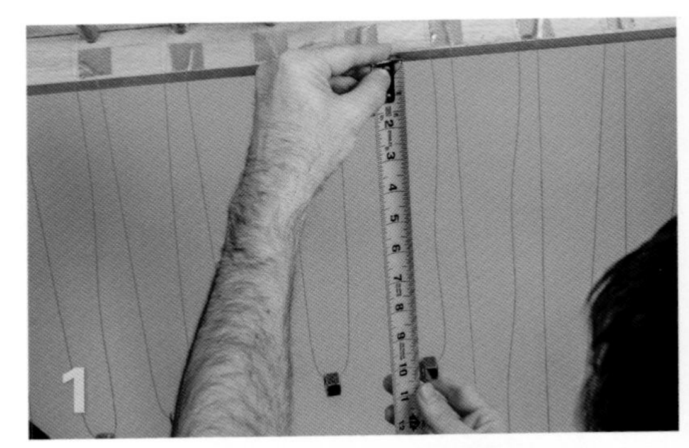

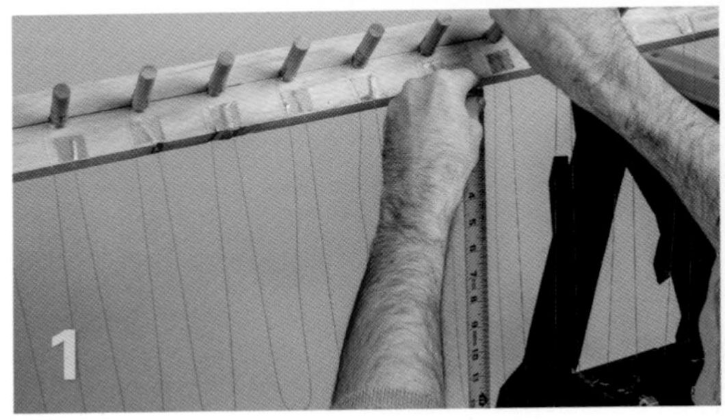

始的5 ~ 10次摆动中，看到一个整齐的蛇形波。这之后几秒内似乎没有什么有规律的波形，然后你又可以看到下一个蛇形波（在它们之间有几秒的混乱）。

→3对摆一起摆动（3个波浪）

→3个摆一组，两组摆一起摆动（2个波浪）

→3对摆再次一起摆动

→再次出现蛇形波

你可能需要一些摆动试验来发现哪个摆没有同步。这就是为什么测试前6个摆是最好的，因为少量的摆在摆动时混乱的情况会少些。开始时，你应该能挑出一个或两个没有同步的。当循环周期重新开始的时候最容易发现不同步摆，而且你

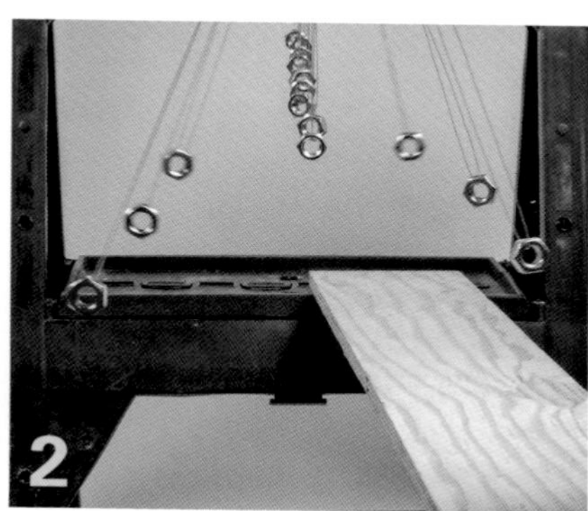

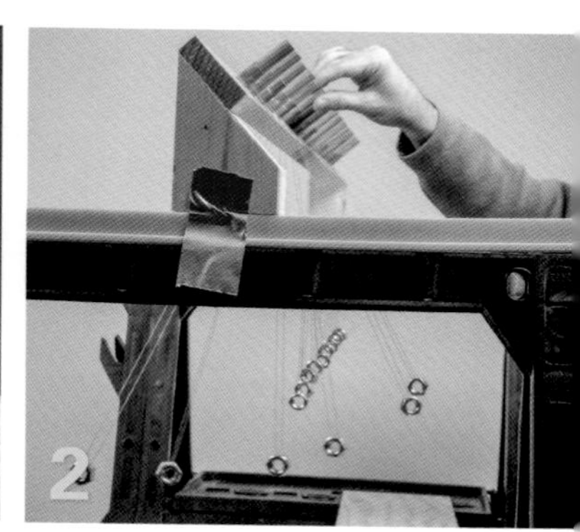

可以第二次看到单个的蛇形波。理想的情况下，这个蛇形波应该看起来和第一次的蛇形波（摆开始摆动后得到的正确波形）一模一样。

找出有问题的摆，通过转动旋轴来加长或缩短摆的长度，做一些小的调整。较短的摆线将摆动得更快，所以，如果一个摆在一组中看起来有点领先了，可以通过延长一点鱼线来让它慢下来。如果它看起来落后了，可以通过缩短鱼线来让它加快速度。非常小的调整也会起作用。

如果你不清楚某个摆是否需要加快或减慢速度，停一下，并给所有摆一个摆动的力，你很快就会发现问题所在。

步骤3： 一旦前6个摆调整到正确的长度，一次增加1个或2个摆，并检查每一次的一组波形。一起摆动7个长摆，并将第7个摆调整到正确的长度。接着调整第8个、第9个，以此类推。

最终应该产生这些可识别的波形：

→1个波浪

→4个波浪

→3个波浪

→2个波浪

→3个波浪

→4个波浪

接下去这些波形将重复出现。如果用不同的颜色来标识螺母，你可以看到更多的波形，但在没有添加颜色的情况下，也能很轻松地看到4个波形。

注意从侧面看也很重要，在摆底部的六角螺母会不成一条直线，而将形成微小的曲线。一旦看到微小的曲线在摆的底部形成，你也可以用它作为参照来进行调整。

科学原理

对摆的特性的科学探索是从400多年前，一个坐在教堂里的十几岁男孩开始的。故事是这样的：在1582年，17岁的伽利略坐在意大利一座教堂的长椅子上，当看到一个吊灯在非常轻微的气流中来回摆动时，他就开始走神了。

年轻的伽利略发现无论吊灯摆动的幅度是大还是小，似乎都需要大约相同的时间来完成这些摆动。虽然没有时钟或手表来测定摆动的时间，但聪明的他用自己的脉搏来测量时间并证实了他的猜想。一个大的摆动和一个小的摆动都是花同样的时间来完成的。

几年后，伽利略做了更精确的实验并证明了最重要的等时性，摆的特性让它保持了一个稳定而连续的节拍，无论它摆动到何种程度。这就成为现代钟表和计时器以及本书中钟摆式造波机的理论基础。

钟摆式造波机是一个引人注目的装置，因为它是如此的一致和可预料。这个规律是不变的，无论摆动的幅度有多大。

任何特定摆的摆动周期都是由它的长度决定

重力：在不同的地方有不同的大小

你可能会惊奇地发现重力并不是在每个地方都是一样的。更精准的说法是，重力在每个地方都存在，但是每个地方的重力会稍有不同。这是由于地球不是一个理想的球体，而且地球并不是静止不动的。

把地球想象成旋转木马。当骑在旋转木马上，你的旋转速度有多快取决于你离中心有多远。在极点位置，也就是旋转木马的中心位置，你根本就不转动。在赤道位置，远离地球的轴心，获取地球最大的旋转速度（不能离开地面），这样你旋转得最快。由于所谓的离心力作用，靠赤道越近，你的重量越轻。

的，而不像人们所猜想的由它的重量决定。正如我们所看到的钟摆式造波机一样，摆越长，它来回摆动就需要越长的时间。人们能很准确、很容易地计算出它来回摆动所用的时间有多长。

如何计算钟摆周期?

钟摆式造波机中的15个钟摆的长度数据是从哪里来的? 你能用一个简单的公式来计算钟摆完成一个来回摆动的完整摆程所用的时间周期。

时间周期是钟摆完成一次完整的往复摆动所用的时间，可用下面的公式计算：

$$T \approx 2\pi\sqrt{L/g}$$

式中：L是钟摆的长度；g是重力加速度，地球的重力加速度大约是9.8m/s²。

这个公式是一个估算公式，因为当摆幅变大时要做微小的调整。

对于1524毫米的钟摆，可按以下方法来计算时间周期：

$$T \approx 2\pi\sqrt{1.524 \div 9.8}$$
$$\approx 2\pi\sqrt{0.156}$$
$$\approx 2\pi \times 0.39$$
$$\approx 2.48（秒）$$

与此类似，610毫米的钟摆的时间周期可以这样计算：

$$T \approx 2\pi\sqrt{0.61 \div 9.8}$$
$$\approx 2\pi\sqrt{0.0625}$$
$$\approx 2\pi \times 0.25$$
$$\approx 1.57（秒）$$

因此依据这些计算，我们能看到1524毫米钟摆要比610毫米钟摆的时间周期长1秒左右。

第17章 可乐曼妥思驱动的小型火箭车

你会如何利用可乐加曼妥思喷泉的动力？这很容易！一旦你合理地利用了这种动力，就可以将一个小型火箭车推出去30多米。

制作小型火箭车所需要的一切物品，在你所在地的五金商店都能买到，总成本应该不超过20美元。该实验只需要简单的工具，也就是说，总成本已经包括了购买所有的额外物品。

工作原理

成核反应产生动力，能够制造喷泉，这在本书中的可乐加曼妥思实验里已经作了解释。那么，我们如何驾驭这股力量去产生推进力呢？

当曼妥思和可乐起反应时，可乐中的二氧化碳得以释放而从瓶口喷出来。如果让瓶子竖直站立，你就会得到一个喷泉。如果将瓶子横放在小型火箭车的一侧，那么它所有的能量就会推动小型火箭车前行。

然而，仅仅让可乐自己喷出来是不够的。我们最初设计的这辆车，实际上是我们的第一次尝试。我们制作了像这样的小型火箭车（见下图）。

虽然它工作了，但运行效果不是很好。可乐向后喷出而滑板向前滚动，但滑板不能走得更远更快。这时我们想：是不是缺少了点什么？在实验中，反应时产生的大部分能量都用于将可乐从瓶中喷出并推动空气，这并没有最大化地推动车辆向前。如果你的目标只是向前移动，那么花在别的东西上的每一丁点儿能量都是浪费。

因此，在这个实验中，我们设计了一个简单的活塞和汽缸，这个装置可以从反应中聚集几乎所有的能量用于车子向前移动。反应开始时，让不断扩张的二氧化碳进入一个PVC管，这是二氧化碳唯一能去的地方。

当你将活塞和汽缸一起握住，还没有发射小型火箭车时反应产生的压力在继续增大。压力试图将活塞推离汽缸，或将汽缸从活塞上推离。一旦打开汽缸，二氧化碳将推动活塞，并将汽缸、瓶子、车轮推向相反的方向。在可乐排气的推动力下，小型火箭车一路疾驰。

实验：小型火箭车

这个实验一定要在室外进行，要有一个开阔的、平整的空间，远离人、宠物和一些固定的物体，因为这些都有可能让小型火箭车过早地停下来。不要低估它前进的距离，也不要造成原料的浪费。

你可以将可乐加曼妥思发动机捆绑在各种类型的车辆上，几乎所有的轮式装置都可以工作，比如滑板。我们发现三轮小车既轻又稳定，工作起来真的很棒。它的3个轮子有3个旋转轮脚。

材料

- 一根760毫米长、直径为19毫米的木销钉
- 一块100毫米长、25毫米 × 75毫米的钉板条
- 一根300毫米长的尼龙带，其他结实的布也可以
- 一颗 19毫米长的木螺钉
- 一颗 50毫米长的干壁钉
- 一根600毫米长、直径为19毫米的PVC管
- 封箱胶带
- 曼妥思（多备几包）
- 两升的无糖可乐（室温，不要冰的！）
- 胶带
- 三轮小车（或滑板、其他轮式装置）

工具

- 手锯或曲线锯（或切割PVC管的钢锯）
- 剪刀
- 螺钉枪或螺丝刀
- 护目镜
- 实验工作服或雨衣

如何操作

步骤1： 制作活塞（这是利用曼妥思喷泉动力的关键）。首先，用锯子锯下一根760毫米长的木销钉，这是活塞拉杆。接着，切下一块100毫米长的25毫米 × 75毫米的钉板条，这是手柄座。

步骤2： 用剪刀剪一根300毫米长的尼龙带，当作手腕带。如果你的手比较大，那么选择一根稍长的带子。

步骤3： 将带子合拢，形成一个环。用螺钉枪和19毫米长的木螺钉，把环的开口端固定在手柄上，如图所示。

步骤4： 固定木销钉。在手柄座的反面、手腕带

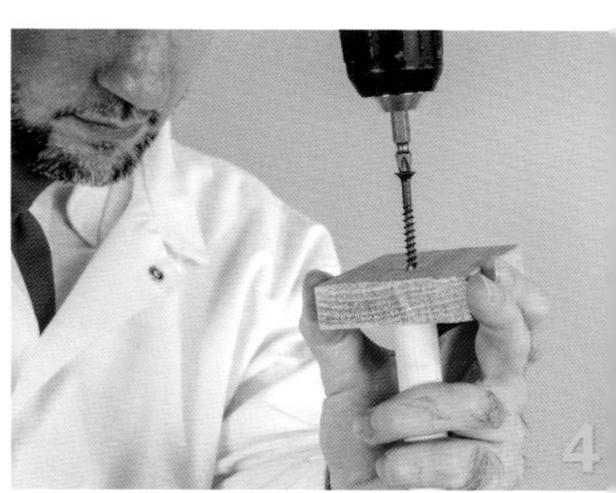

的上方，将50毫米长的干壁钉拧入手柄座。当干壁钉的尖端从对面探出来时就停止拧动。（在图片中，我们是在一块废料上做这件事情的，这样干壁钉就不会钻进桌子里。）

现在，将木销钉的一端立起来，并把木块放在它的上面，小心地将露出的干壁钉的尖端和木销钉的末端中心对齐。继续将干壁钉拧紧，直到手柄牢固地贴着木销钉。这不是件容易的事，当你拧入干壁钉的时候，最好有其他人帮助你抓住木销钉。要小心地对齐干壁钉，让它上下笔直，这样它就不会从木销钉的一边钻出来！

步骤5：制作活塞压力室（和曼妥思的支托）。用锯子切下一根600毫米长的PVC管。

现在，你已经完成了所有的工作，是时候到外面去准备发射了。

注意：我们在实验中有规定，当曼妥思在附近时，不允许在实验室内打开一瓶可乐。打开可乐瓶之前，要让瓶口一直朝外。

发射前的准备

在每次发射前，你都要以同样的方式做准备。

步骤1：把一条封箱胶带放在PVC管的一端，将它密封起来。虽然这不是一个完美的密封材料，但它将管子末端的大部分覆盖住了。

步骤2：在管子的开口端投入6颗曼妥思。曼妥思要滑到管子底部，而且停留在底部封箱胶带密封的地方。保持管子直立，这样曼妥思就不会掉出来。

步骤3：打开一瓶2升的无糖可乐。关于可乐类型和温度的更多信息，可以参考本书中的可乐加曼妥思实验。牢记：不要用直接从冰箱里拿出来的可乐。把用胶带密封的管子（里面有曼妥思）末端放在瓶口上，使用胶带把管子牢固地固定在

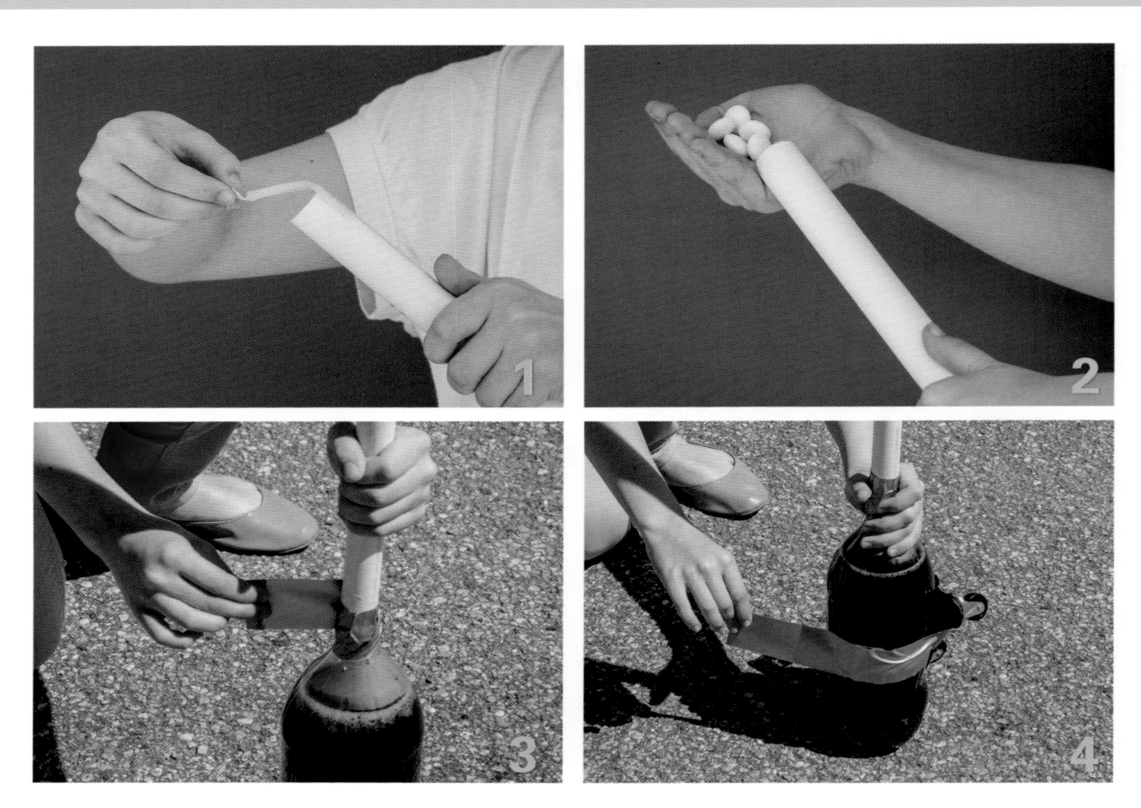

瓶口上。

步骤4： 在这一步骤中，务必保持瓶子直立。现在，用胶带将三轮小车捆绑在瓶子的一侧。你的小型火箭车现在可以准备发射了！

发射小型火箭车

首先，阅读整个发射步骤！一旦你将瓶子一侧倾斜，可乐将与曼妥思立即反应。到那时，就不会有更多的时间来阅读这些步骤了！

步骤1： 戴上护目镜，穿上实验服或雨衣，因为你的身上可能会溅到可乐。

步骤2： 套上固定在缸体和活塞上的手腕带。这是非常重要的：一旦火箭车发射，活塞很容易飞离你的手而撞到其他人。因此，实验服是可选的，而手腕带是必需的。

步骤3： 选择一个方向，以它为目标，并确保至少30米的距离内是畅通无阻的：没有人、汽车、房屋和其他的物体阻挡。这辆火箭车可以去任何地方，这取决于可乐的温度和你的发射经验。

步骤4： 让瓶子直立，管子保持竖直，轻轻地将

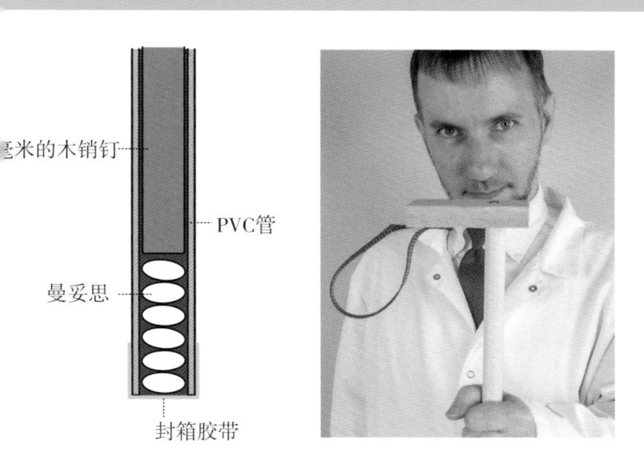

活塞插入管子，直到活塞正好停留在曼妥思的上面，但不要一直向里推。

步骤5： 保持一只手在管子上，另一只手在活塞柄上，让火箭车倒下来，这样轮子就在地面上了。当你倾斜瓶子时，少量可乐将开始涌入管子和曼妥思起反应。这没关系，但这时还不能放手。

步骤6： 一旦火箭车躺在它的车轮上，立即将活塞推进管子，这时曼妥思能通过管子进入瓶内。握住管子，即使曼妥思全部进入瓶子，也不要松开。

步骤7： 像这样握住管子等待1～2秒。因为可乐和曼妥思一旦接触，会立即起反应，这时瓶内会充满发泡可乐。车子将试着开始移动，但不要让它离开。

步骤8： 几秒后，确认有一个强大的推力作用在活塞块上（木头上的手腕带绑在你的手腕上），小心瞄准前方，用一个打保龄球的动作推动整个装置向前。当你完全伸展开手臂时，放开管子。此时你会被淋湿一点。

步骤9： 看着火箭车开过去！

科学原理

这辆单瓶的小型火箭车最远能走多远？这需要反复练习。我们第一次测试时走了9米。后来我们改善了方法，最远可以达到54米。看看你能得到什么结果，并告诉我们你的小型火箭车能走多远！

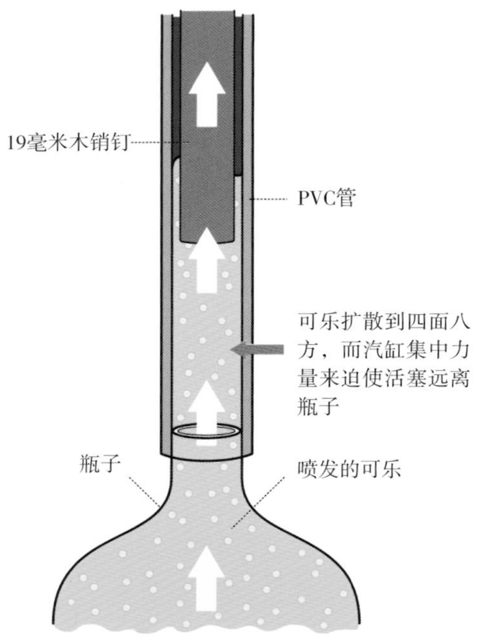

本设计的工作方式类似于汽车发动机中的汽缸和活塞系统。汽车发动机是利用汽缸里膨胀的燃气推动活塞，并带动轮子转动，从而使汽车移动。在一个标准的汽油发动机里，少量的汽油喷入汽缸的一端，然后火花塞点燃混合气体，引发燃烧，气体膨胀。膨胀的气体向四面挤出，但只有一个方向可以通过，那就是推动活塞离开火花塞的方向。活塞通过连杆连接到曲轴上，因此，当活塞移动时，它带动曲轴转动，最终使汽车车轮转动。

而一辆由可乐加曼妥思补充燃料的小型火箭车，就像采用汽缸和活塞的机械装置，集中了所有爆发的能量去推动车辆前进。

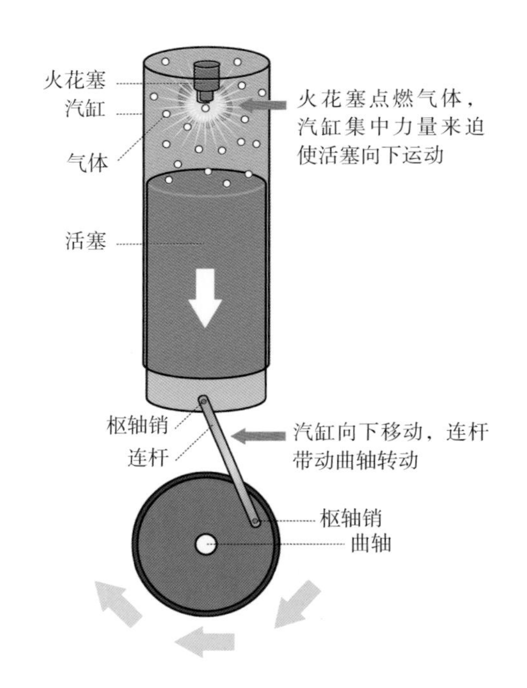

我们以108瓶可乐加曼妥思为动力的火箭车在行动

这辆可乐加曼妥思作为动力的小型火箭车仅仅用了一瓶可乐。如果你和我们一样，做完这个实验后，你的反应会是：好的，现在让我们再次尝试用更多的饮料瓶和更多的曼妥思去做实验！

我们最大的可乐加曼妥思动力火箭车（到目前为止）可以携带一个人：它由108瓶可乐和648颗曼妥思提供动力，并使用了类似活塞的装置来利用所有的动力。它带着弗里茨沿路走了67米，而它带着著名的脱口秀节目主持人戴维·莱特曼走了超过110米，但戴维在车上时正好有一个斜坡。它的能量能达到多大？目前为止我们还不得而知。

第18章 射击猴子

想象一下，用一个吹箭筒射出飞镖穿过两个环，然后命中目标。如果这两个环是移动的，而且目标也是移动的，那么是否会命中目标？“不可能！”很多人会这么说。但是只要采用正确的装置，就完全可以命中目标。

这是我们对称之为“射击猴子”的经典科学演示的变形。假设有一只猴子挂在树上，它试图躲避猎人的子弹，在猎人开枪的那一刻，猴子会从树上下来。猎人应该瞄准哪里才能保证击中这个移动的目标？答案令人惊讶：猎人应该直接瞄准猴子。

工作原理

为了了解猎人怎么能击中下落的猴子，让我们稍微简化一下情况，想象猴子和猎人的头部在同一高度。如果猎人笔直地向前瞄准，将会如何？

在子弹飞行时，重力会起作用，所以子弹会以一定的弧度落向地面。如果让猴子下落，在它开始下落的瞬间，子弹射出，那么，这里的关键问题是谁下落得更快，是子弹还是猴子？

由于许多轻的物体（如羽毛和树叶）下落速度缓慢，而许多重的物体（如树枝和石头）下落速度很快，你可能认为猴子比较重，会下落得更快。这正是古希腊哲学家亚里士多德的想法，他认为重的物体会比轻的物体下落得更快。

不过，亚里士多德错了，实验表明，万有引力确实对猴子和子弹有同样的效果。

实验：射击猴子

在这个实验中，你将需要一个大的开放空间，例如花园、车库或健身房。另外，该实验比其他实验涉及更多的装置，需要购买大量的材料。不过，如果你会基本的木工活儿，做起来也不难。

因为这个实验有些复杂，所以我们把描述分为4个主要部分：构建下落结构，制作镖枪，制作下落的装置（和猴子），然后进行实验。

要构建的下落结构实际上是一个大而独立的门框，上面有两个环和“猴子”。可能需要一两个朋友来帮助你完成这项工作。

制作一个能准确地发射而不发生故障的简单装置是很困难的。在想出用吹箭筒之前，我们讨论了许多不同的设计方案。

接着，制作一个画着猴子的馅饼盘（代替真猴子）、一个下落装置，然后准备开始实验。

工具

- 手锯、曲线锯或竖锯
- 螺钉枪
- 直角尺
- 梯子
- 3个弹簧夹（每个应足够大，能将两块木板一起夹住）
- 剪刀
- 猴子（画在馅饼盘上）

材料

下落结构

- 10块2.44米长、25毫米×75毫米的钉板条（对整个实验来说应该是足够了）
- 一盒32毫米长的干壁钉
- 6个眼钩（直径10毫米的使用起来效果不错）

吹箭筒

- 胶带
- 一根460毫米长、直径为16毫米的管子
- 一个2升的空可乐瓶
- 一根610毫米长、直径为19毫米的PVC管
- 一块460毫米长、25毫米×75毫米的钉板条
- 一块230毫米长、25毫米×75毫米的钉板条
- 一块305毫米长、25毫米×75毫米的钉板条
- 两块13毫米厚、305毫米×610毫米的胶合板
- 两块100毫米×125毫米的工艺泡沫材料（在工艺品商店可用一块230毫米×305毫米的泡沫材料代替）
- 卷尺（或类似的、非常轻的丝带）

下落触发器

- 一个呼啦圈（直径为635～760毫米）
- 两根50毫米长、直径为12毫米的木钉
- 5个眼钩（直径为10毫米或者与下落门框的尺寸相同）
- 一个馅饼盘
- 一块460毫米长、25毫米×75毫米的钉板条
- 一块305毫米长、25毫米×75毫米的钉板条
- 不同厚度的废木材（厚12～25毫米，宽150毫米，长300～600毫米）
- 绳子
- 3个开口销
- 椅子（靠背顶部平直，不弯曲）
- 一根915毫米长、直径为19毫米的木钉

如何操作

下落结构

步骤1： 用锯子，按下面的尺寸切下长度不同的钉板条。切口尽可能平直，这有助于确保框架呈直角。曲线锯可以进行完美的直角切割。

→两块长度为2440毫米 →一块长度为460毫米
→一块长度为1525毫米 →两块长度为230毫米
→两块长度为1220毫米 →一块长度为150毫米
→三块长度为915毫米 →三块长度为75毫米
→一块长度为775毫米

注意： 开始的两块2440毫米的钉板条用于制作框架的支撑腿。如果你计划在室内制作和使用，那么要考虑到天花板的高度。如果天花板高度等于或小于2440毫米，那么使这些支撑腿短一些才会合适，允许和天花板一样高。

2

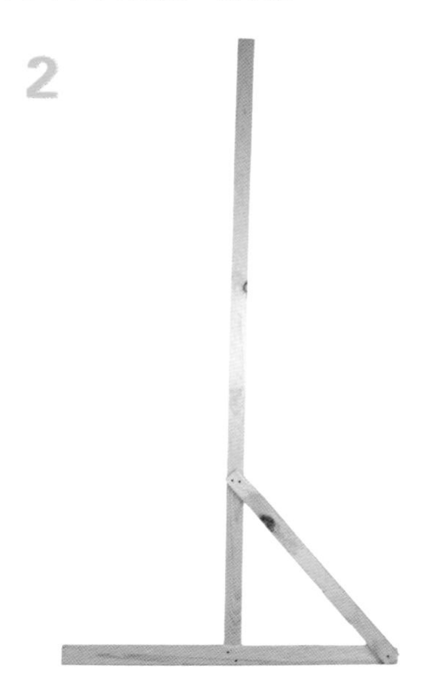

步骤2： 用两块2440毫米长的钉板条、两块1220毫米长的钉板条和两块915毫米长的钉板条来装配两条支撑腿，它们将支撑整个框架。

将两块2440毫米长的钉板条平放在地板上，各用一块1220毫米长的钉板条横穿每条腿的末端，用螺钉枪和干壁钉将它们固定起来，做成一个T形结构。用这个直角来确保每个T形结构都呈直角，这样框架将能很好地直立起来。将T形结构翻转过来，用一根顶部横杆连接它们。

接下来，用一块915毫米长的钉板条支撑每个T形结构。将每个T形结构平放在地板上，把一块915毫米长的钉板条放在对角线的位置，用干壁钉在每一端固定这块斜支撑的钉板条，确保这个支架的下角不会延伸到1220毫米长的钉板条的下面（为了更稳固，需要和地板保持水平）。

3

步骤3： 使用梯子（最好另外有一两个人帮助），完成这个框架接下来的制作。将两个T形结构翻转后直立起来（反向的支撑定位，为增加稳定性），接着放置第三块915毫米长的钉板条，保持同一高度，而且水平地横穿2440毫米的直立钉板条的顶部。在915毫米的横杆两端用两颗干壁钉进行固定。

为了进一步支撑框架，用干壁钉将两块230毫米的小木块固定在框架顶部的角落。这样就完成了框架结构。

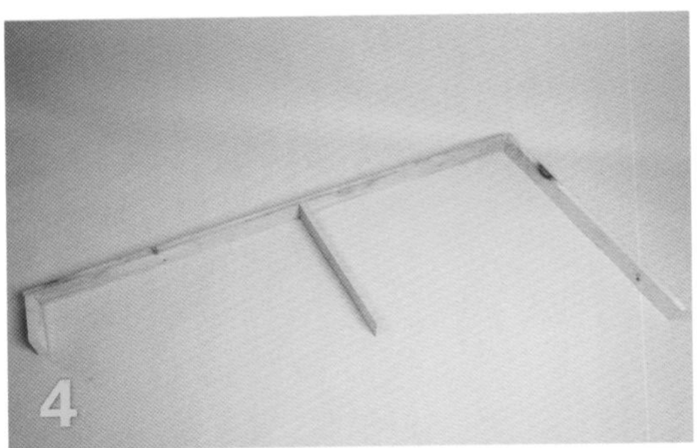

步骤4： 建立E形靶子支撑。在一块1525毫米长的钉板条的中心做标记，距每一端760毫米。用两颗干壁钉穿过1525毫米长的钉板条平的一面，与一块150毫米的钉板条的一端固定起来；用两颗或更多的干壁钉，将一块460毫米的钉板条固定在中心（刚才做标记的地方）；用两颗或更多的干壁钉，将一块775毫米的钉板条固定在另一端。

步骤5： 现在固定6个眼钩，在E形结构的3个叉的末端各拧入一个眼钩，并在3块75毫米钉板条的末端各拧入一个眼钩。将这两个眼钩调整在一条直线上，这样它们将平行面对板子。用弹簧夹将一块75毫米长的钉板条夹在E形结构的3个叉的末端，将每个叉末端的眼钩排列整齐。

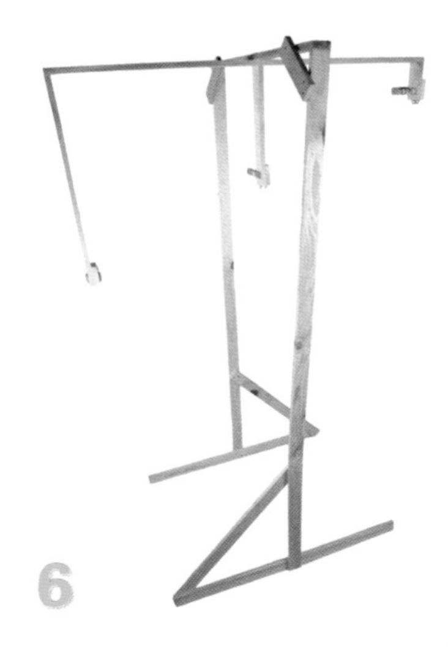

步骤6： 现在将它们组合在一起。再次使用梯子并请一些朋友帮忙，这样做是安全的。调整E形结构上的所有木板使其均在一个水平面上，以便交叉点指向地板。把它放在与框架顶部横杆垂直的位置，在顶部横杆中心的下面，跟E形结构的中心大体呈一条直线。用两颗干壁钉穿过顶部横杆的中心进入E形结构，把它们拧紧固定住。这个完成的下落结构看起来像什么？

吹箭筒

步骤1： 用胶带将一根460毫米长的挠性管末端包起来。胶带层应足够厚，使管子的末端与空可乐瓶瓶口紧密地融为一体，同时仍然保持管道畅通。用胶带包起来的挠性管的末端正好可以挤入瓶口内，用胶带绕着瓶口和管子连接的地方包

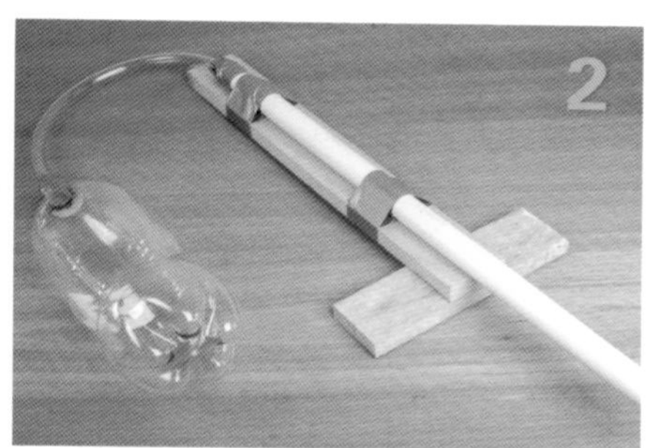

缠，管子牢靠地固定在瓶子上。将挠性管的另一端插入610毫米长的PVC管的一端大约25毫米，用胶带把它们包起来，使之紧紧相连。

步骤2： 用锯子切下一块460毫米长和一块230毫米长的钉板条。将木头平放在地板上，让230毫米长的钉板条平放在460毫米那块的一端构成一个T形。用两颗干壁钉将它们固定。翻转T形结构，这样230毫米的横杆现在就在460毫米长的钉板条的下面。将PVC管放在460毫米长的钉板条上面，沿着这块钉板条的方向，使T形的末端在接合点（挠性管进入PVC管的地方）下面延伸几十毫米，PVC管的另一端延伸至230毫米的横杆。用胶带将PVC管和460毫米的钉板条包好，使它们紧密地结合在一起。这样就完成了吹箭筒的制作。

步骤3： 现在制作一个用脚操作的踩踏器（用来产生空气动力）。使用竖锯切下两块大小为305毫米×610毫米的胶合板。将它们叠合在一起，调整尺寸。选择305毫米的一端作为转角。将几条胶带贴在边缘的外部，也就是板子交界的地方。打开转角，沿着里面同样贴上几条胶带。最后，为了使转角更牢固，用胶带缠绕每块胶合板，并将它们全部包好，覆盖胶带的地方成为转角，这样可防止胶带被拉离胶合板。

用锯子切下一块305毫米的钉板条。打开踩踏器，然后在正对着转角的底部边缘的前方，用胶带将这块钉板条沿着胶合板305毫米的边缘平放并固定住。这块钉板条将作为一个挡板，当你踩踏的时候，可以防止瓶子被挤出去。现在将瓶子插入踩踏器的“口中”，平行于钉板条，如图所示。

步骤4： 制作飞镖。用剪刀剪下一块100毫米×

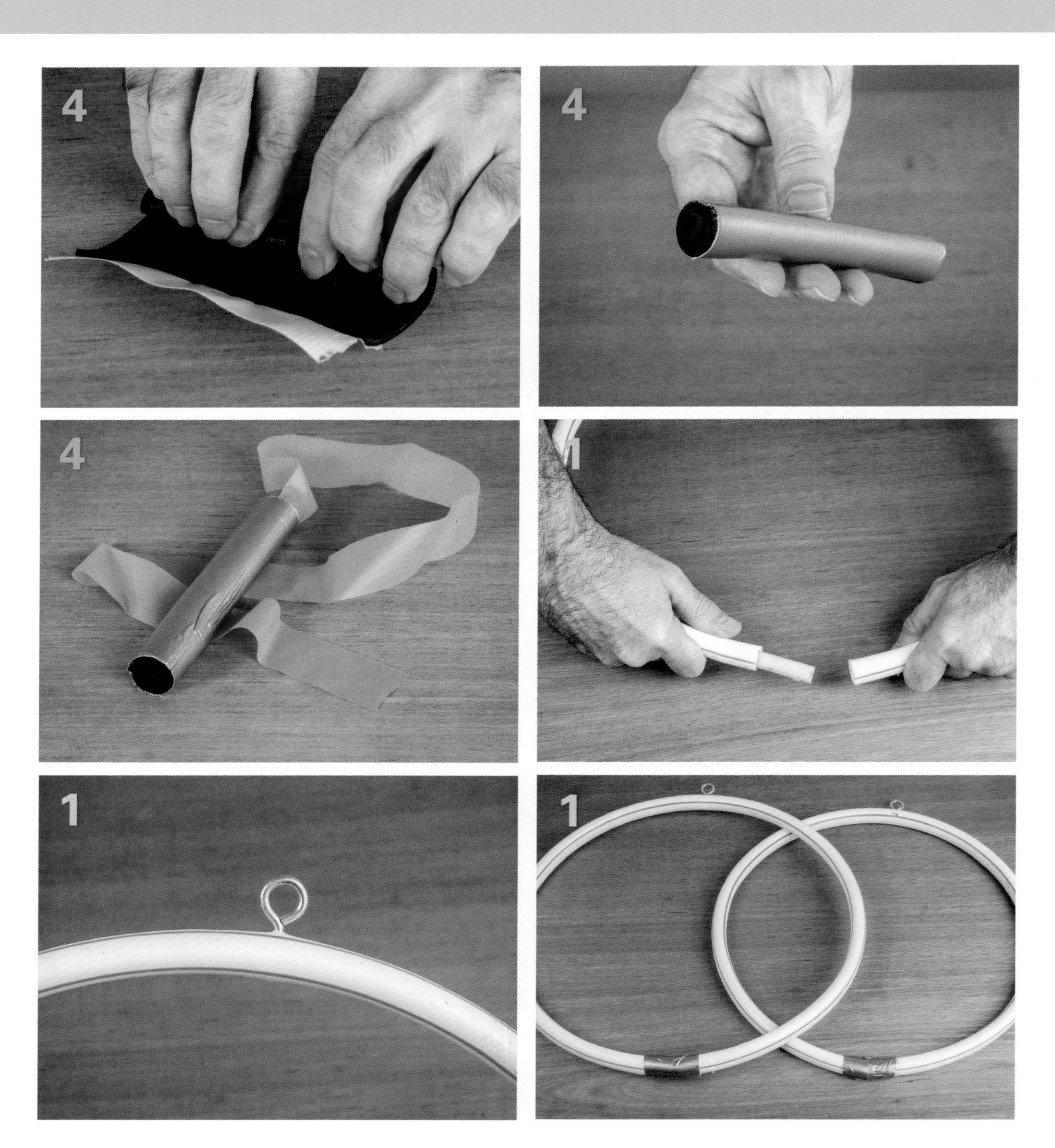
4
4
4
1
1
1

125毫米的泡沫材料。将一条125毫米长的胶带沿着工艺泡沫材料125毫米的一侧放置，使泡沫材料的边缘位于胶带的中间。把泡沫材料放在桌子上，使胶带有黏性的一侧朝上，然后从与胶带相反方向的泡沫材料的边缘开始，朝着胶带的方向，把泡沫材料尽可能地收紧卷起来。把它卷到胶带上面，这样胶带就缠绕住了泡沫材料，得到一个非常紧的泡沫圆筒。通过将飞镖的末端部分插入吹箭筒的PVC管中来检查飞镖的直径。确保飞镖能轻松地在管子里滑进滑出。如果飞镖直径太大的话，那么松开胶带并将它卷得更紧。

用胶带把卷尺或丝带粘在圆筒的末端。现在飞镖就有了一个尾巴，可以给它一些阻力，这有助于它在空气中直线飞行。不要使用很多胶带，否则飞镖不能顺利地滑进PVC管。

下落触发器和猴子靶子

步骤1： 将呼啦圈变成两个小环。用手锯将一个呼啦圈分成两半，将每一半弯曲成一个小环，在开口端插入一根50毫米长、直径为12毫米的木钉，将呼啦圈的两端连接在一起。用胶带绕着接合处缠绕，让环保持闭合。在两个环完成之后，小心地将一个眼钩拧入每个环的外边缘（将它拧入塑料是最简单的，而不要试图将它拧入木钉）。

警告！

你现在已经制作了一个可踩踏的火箭/吹箭筒，可以将飞镖又远又快地弹射出去。不要对准任何人，也不要射击易碎的东西，务必小心！

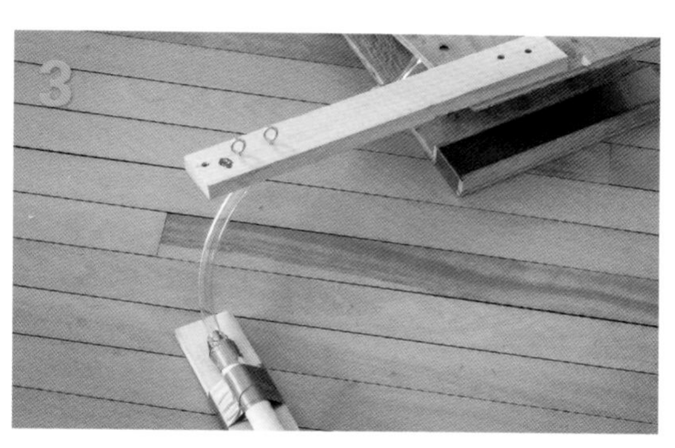

步骤2： 制作目标猴子的时间到了。为了纪念这个实验最初的名字，做些标记来装饰你那带着一张猴脸的馅饼盘，或者任何你喜欢的方式。一旦完成，在一块300毫米长的钉板条的末端拧入一个眼钩，眼钩应位于钉板条顶部中心。把馅饼盘放在钉板条较平一面的中间位置，并用胶带封住。靶子制作完成了。

步骤3： 用两颗干壁钉，将一块450毫米长的钉板条固定在踩踏器的右上角，使之平行于25毫米长的边缘，伸出来的一边长大约300毫米。将两个眼钩拧入板子较平一面的顶部（靠近末端），两个眼钩应平行，相距大约50毫米。

步骤4： 在地板上设置吹箭筒，圆筒末端距第一个最低的下落点（固定在下落结构上的靶子支撑“E”）大约3200毫米。把椅子放在PVC管上面，以便于管子从前面伸出，而挠性管从后面跑

4

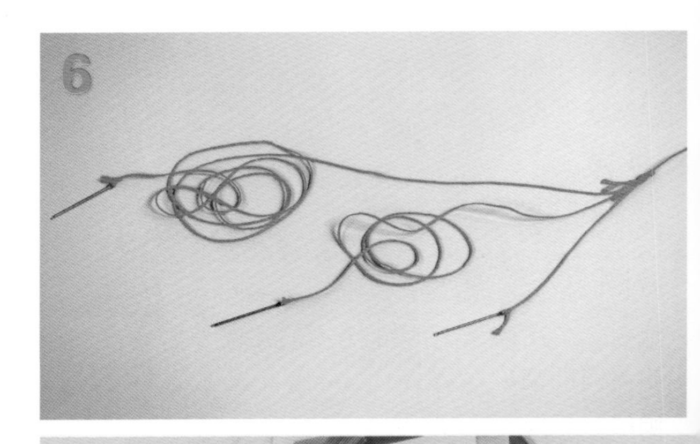
6

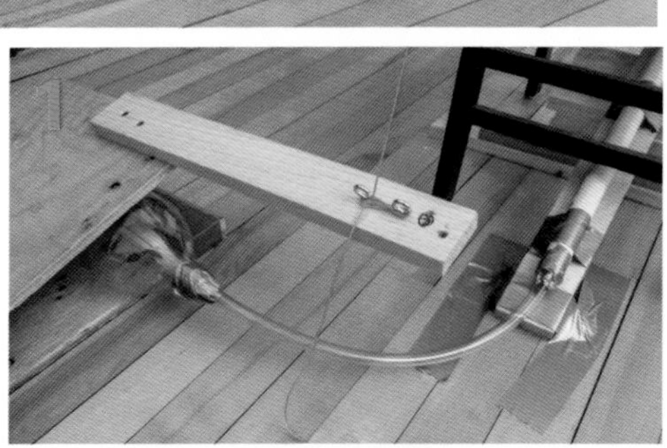
1

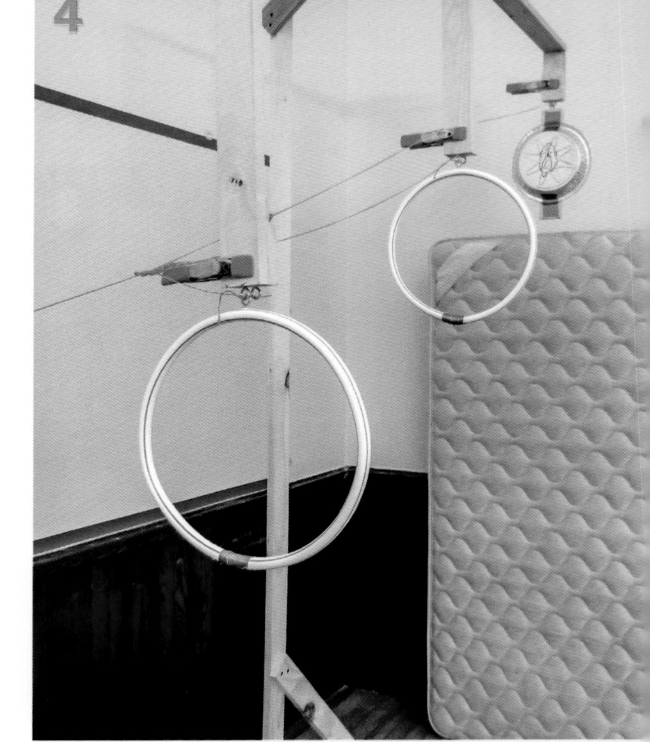
4

2

出来。椅子的靠背上应该有一个平直的顶部，这样当你让绳子越过它的时候，绳子不会滑落。把踩踏器放在椅子后面，这样伸出来的那块300毫米长的钉板条就直接位于椅子中心的后面，它看上去应该如下一页图片所示。

当一切看起来都不错时，把踩踏器和T形吹箭筒的后端用胶带粘到地板上（确保胶带不会损伤地板）。在T形吹箭筒前下方放几块废木头来提高吹箭筒的高度。随后，当准备好发射时，应更精确地校准吹箭筒的高度。

步骤5：当吹箭筒发射时，你怎样让靶子下落？本实验原来设想的版本是采用激光器和电磁铁，我们的DIY版本中采用了绳子。虽然下落不是瞬间同步的，但它仍然能工作。

剪4根绳子，长度分别为5490毫米、305毫米、1065毫米和1830毫米。在3根较短的绳子的末端都系上一个开口销。这些开口销会适当地控制靶子。

步骤6：将5490毫米长的绳子放在地板上，把其他3根绳子松散的末端系在它的一端，都固定在同一点上。

准备，瞄准，发射

现在是时候开始实验了，校准吹箭筒，并在操作中观看这个实验。

步骤1：取出长绳宽松的末端，将它绕着踩踏器的眼钩（采用的是一个8字形图案）松散地缠在上面。当设置开口销时，使它可以适当地控制末端。将剩下的绳子穿过椅子的后背和下落结构。

步骤2：从最靠近吹箭筒的靶子支撑的下落点（E形结构上面最长的垂直板的末端）开始竖起一个环，让它的眼钩位于下落点的两个眼钩之间，和它们对齐。将连接在最短的305毫米长的绳子上的开口销穿过所有3个眼钩，这样开口销就可以将环控制在高处，但如果你拉动绳子，环将落下。

步骤3：用同样的方法，将第2个环用1065毫米长的绳子悬挂在下落点之间，确保第2根绳子在上面，而且不会影响第1个环。为了做到这一点，让绳子向上越过夹子，位于第1个下落点的上面。

步骤4：用同样的方法，将猴靶用1830毫米长的绳子悬挂在第3个（后面的）下落点。再次，通过使用步骤3中相同的方法让这根绳子越过夹子，使它保持在第1个环和第2个环的上面。

步骤5：这是很重要的一步。当所有东西都准备好了以后，打开和踩踏器连接在一起的长绳的末端（你在步骤一里面所做的）。接着，小心地拉

紧绳子，然后将它绕着踩踏器的眼钩重新缠好。这是很棘手的操作，因为在调整张力的时候，你不能把开口销拔出，否则靶子会下落。我们的目标是一旦你踩了踩踏器，立即拔出开口销——而不是更早，也不是片刻之后。将绳子绕着踩踏器上的眼钩牢固地缠好，依次到每个开口销，然后根据需要调整连接到绳子上的结的位置，以便所有的绳子尽可能地松一点。

步骤6： 装载吹箭筒。把飞镖插入筒里面。首先，将飞镖的尾部塞进去，这样它就不会缠住飞镖。接着将飞镖推进去，它应该轻松滑入。然后，用19毫米长的木钉把飞镖推到筒的底部。只需要轻轻地推入，到你感觉飞镖停下来即可。如果用力推的话，它就会被压紧在筒底，发射的时候就不会非常顺利。

步骤7： 瞄准。我们发现直接瞄准靶子最简单的方法是站在第2个环后面，直视吹箭筒的圆筒（如有必要，使用一张矮的垫脚凳来达到足够的高度，以便透过环看见吹箭筒）。当你这么做的时候，确保没有人站在踩踏器旁边！一个意外的踩踏，会击中你的脸。我们不希望任何人失去一只眼睛。

在确保安全的情况下检查吹箭筒时，如果吹箭筒正确地瞄准你的话，你应该能看见。如果它需要向上或向下移动，可以在筒的前下方增加或去掉一些木块。如果需要向左或向右移动，那么可以把筒左右滑动。牢记：每次脱靶后都必须重新调整吹箭筒。

确保目标排成一列。如果框架的板子稍微弯曲或不是呈直角连接的话，可能需要通过移动眼钩或改变夹子来使目标排成一列。

每次发射吹箭筒都要重新检查目标。我们发现获得最好成绩的位置是在目标接近环的底部边缘的时候，它比目标在中心更好。你可以看看怎样能让你的设置获得最大的成功。

步骤8： 发射！确保每个人都安全地位于吹箭筒的旁边或后面，并且远离飞镖。给踩踏器一个迅速而有力的踩踏，如果一切顺利，飞镖将飞过两个下落的环，并在发出令人满意的“嗖”的声音后击中馅饼盘。可能需要经过几次尝试和一些调整才能做得完美。每次尝试后，检查绳子的张力和目标。如果发现在飞镖到达目标之前击中了地面，你可能得把吹箭筒移近些（同时相应地调节绳子的张力）。

如何让被踩踏的瓶子膨胀起来？在将飞镖放回筒内之前，快速而有力地将空气吹进筒的末端，瓶子将恢复原状！

一旦你将一切都调整好，装置会非常完美地工作。我们最后能够达到10次中有8～9次击中目标。这一切就看你如何精确地校准装置了！

科学原理

飞镖确实可以击中下落的猴子。那么，亚里士多德哪里错了呢？是的，像石头重的物体比像羽毛轻的物体下落得更快。但是这不是因为它们的重量不同而以不同的速度下落，还有其他的因素在起作用。

愚弄亚里士多德的是空气阻力。他观察到重的物体和轻的物体之间没有什么区别，但是受到较大空气阻力（相对于它们的重量）的物体和受到较小空气阻力的物体之间的下落速度是有区别的。当羽毛和树叶下落时，它们会受到较大的空气阻力，相反棍棒和石头没有那么大的空气阻力。如果消除了空气阻力，那么每个物体都会以同样的速度下落。事实上，有一个经典的论证：一便士和一根羽毛在同一时间下落——在所有空气都被抽空的密封管中。由于没有空气阻力减慢羽毛下落的速度，它很快下落到了底部，并且和一便士是完全相同的速度。

1589年，意大利科学家伽利略发现物体下落到地球表面的加速度相同，和它们的重量无关。故事是这样的，他从比萨斜塔上同时丢下了两个不同重量的球……而两个球同时落地。

下面回到这个实验的简单版本，投掷者从哪里直接向前瞄准猴子？

猴子和飞镖将以同样的速度落向地面。这意味着，飞镖向着猴子水平移动的同时，它们都将朝着地球下落同样的距离。因为它们从同样的高度开始，所以它们在下落过程中任一时刻都会保持同样的高度。这意味着飞镖将击中猴子（除非它们先着地）。

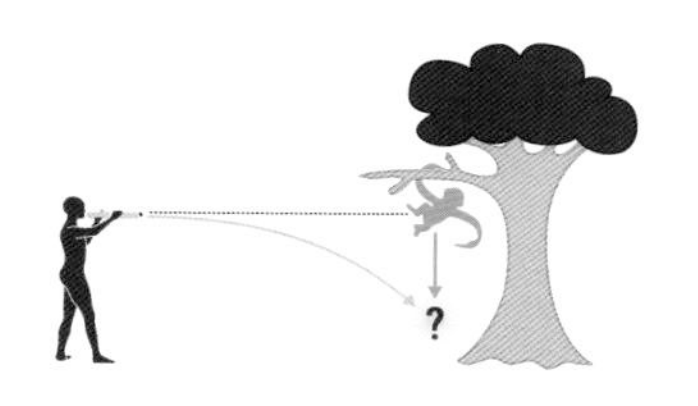

注意，空气阻力仍然可以影响到这个实验，这是很重要的。如果飞镖经受了更大的空气阻力，那么它会下落得比猴子慢。比方说，如果飞镖上有大量的羽毛覆盖，那么空气将会使飞镖下落的速度变慢。又如果飞镖是有翅膀的，像一架纸飞机，猴子必定下落更快而且逃走。

此外，绳子装置会在踩踏器动作和猴子下落之间产生一个微小的延迟，而且飞镖上的小尾巴会造成一点空气阻力。但如果我们操作更仔细认真一点，这两个因素就不会产生大的影响，进而导致实验失败。如果我们直接将吹箭筒瞄准猴子，飞镖将和猴子以同样的速度下落，最不幸的是，尽管猴子试图逃跑，我们发现飞镖还是击中了它。

如果有一个通过激光来触发电磁铁释放的装置和一个更复杂的发射器，你可以射出一个滚珠，然后使它击中另一个正在下落的滚珠。这个实验能够达到很高的精度。

第19章 机械水木琴

用一些玻璃水杯、尼龙扎带、几颗螺钉和几个卷尺，你就可以制作一台巨大的机械水木琴，在自己的客厅里演奏自己喜欢的任何曲子！两个小音槌通过一个可伸缩的卷尺沿着地面移动，当滑过两排装有不同水量的玻璃杯时，它们将会在玻璃杯上敲出优美的旋律。

我们从一首简单的曲子开始，《Shave and a haircut》这首乐曲只有几个音符。接着将表演一首完整的曲子：《 Twinkle，Twinkle，Little Star》。之所以选择这些旋律，是因为它们简单而且只涉及小范围的几个音符。一旦掌握了水木琴的工作原理，你就能制作出自己的水木琴，演奏任何曲子。

对于较短的水木琴，你只需要7个玻璃杯和1个卷尺；对于较大的水木琴，你可能需要21个玻璃杯和4个卷尺。这些玻璃杯不需要完全相同，但你要为整首曲子尽可能收集到足够多的玻璃杯。

工作原理

很多人都会通过吹瓶口发出音调或音符。当你把瓶中的水多喝掉一点，再吹瓶口时音调就发生了变化。当你用音槌敲一水杯时，同样的原理也能解释你得到的音调：当调整玻璃杯中的水量，你会得到不同的音符。史蒂芬曾经拿出一盘子的玻璃杯，在每个杯子里放适量的水，构成一个完整的音阶，然后他用这个队列演奏了《Stars and Stripes Forever》这首乐曲。

演奏这首曲子只需要少量的玻璃杯，但想将曲子演奏好需要大量的练习。不过，这个实验只需要更多的玻璃杯，几乎不用练习。将玻璃杯按正确的顺序放置，然后乐曲演奏会自动进行：伸缩的卷尺带动音槌接连敲击玻璃杯，随后旋律响起。

如何将盛水的杯子做成乐器？就让我们一起来探究吧！

实验：演奏《Shave and a haircut——two bits!》

这个实验可以分两部分：一是由卷尺拉着的小音槌，二是敲击带水的玻璃杯。敲击产生的振动会形成音符。不管是多长的乐曲，不管使用的玻璃杯或音槌有多少，其原理都是一样的。

材料

- 一块300毫米长、50毫米×100毫米的木块
- 4颗50毫米长的干壁钉
- 两根尼龙扎带，大约100毫米长
- 胶带
- 一个7620毫米金属卷尺
- 一张100毫米×100毫米的废纸板
- 7个大玻璃杯，高度至少为125毫米（和薄的、易碎的玻璃杯相比，更倾向于选用坚固的玻璃杯）
- 水
- 封箱胶带或便利贴（为玻璃杯贴标签）

工具

- 手锯或曲线锯
- 螺钉枪或螺丝刀
- 剪刀或美工刀
- 钢琴、键盘或电子调谐器
- 吸管（用于调音，可选）
- 一副工作手套

如何操作

制作音槌

音槌包含连接在尼龙扎带端部的两个金属螺钉。将音槌粘到一块木块上，在木块的一端有可伸缩的卷尺。松开卷尺后，卷尺会沿着地板倒拉着音槌。当音槌滑过玻璃杯时，击打玻璃杯，演奏曲子。

步骤1：用锯子把300毫米长、50毫米×100毫米的木块切成3块100毫米长、50毫米×100毫米的木块。

步骤2：将一块300毫米的木头竖立放置，另一块300毫米的木头平放在它上面，构成一个T形。用两颗螺钉从顶部将它们拧在一起。把T形结构翻过来，这就是音槌的基座。

步骤3：制作音槌。取出一根尼龙扎带，将一颗螺钉用胶带绑在尼龙扎带的一端，确保螺钉的头部露在外面（你可以将螺钉固定在尼龙扎带的任意一端）。螺钉的头部将撞击玻璃杯，产生一个音调。用另一根尼龙扎带和另一颗螺钉，重复上述步骤。

步骤4：将两颗螺钉对面的尼龙扎带的末端重叠大约15毫米，并用胶带将它们绑在一起。这就做成了一个双头的音槌，宽度大约为205毫米。接着，用胶带将这个双头音槌水平地粘在靠近T形音槌基座的顶部。

步骤5：用剪刀或美工刀剪下一张100毫米×100毫米的正方形纸板，并将它粘在音槌基座的底部。纸板将减小地板和音槌基座之间的摩擦，也可保护地板在音槌基座滑过时免遭划伤。

步骤6：用胶带将卷尺（直立）固定在剩下的那块100毫米长、50毫米×100毫米的木块上（平放在卷尺下），确保不妨碍卷尺的工作。

音槌

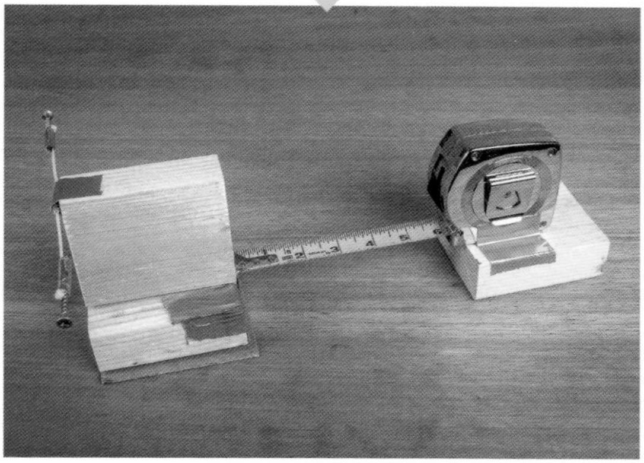

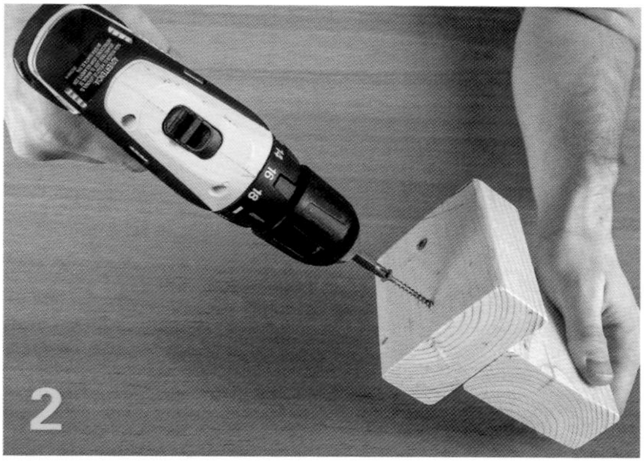

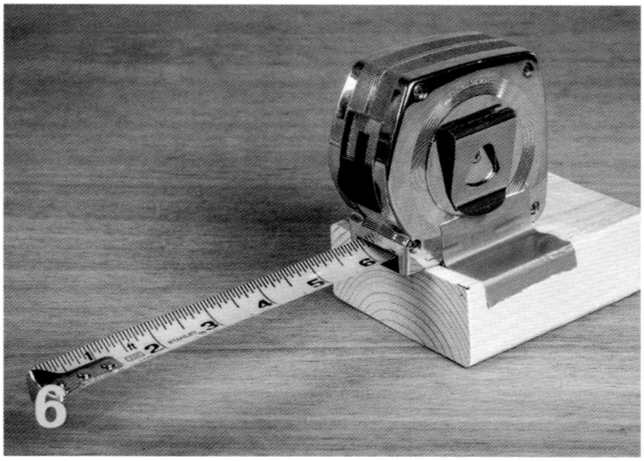

2

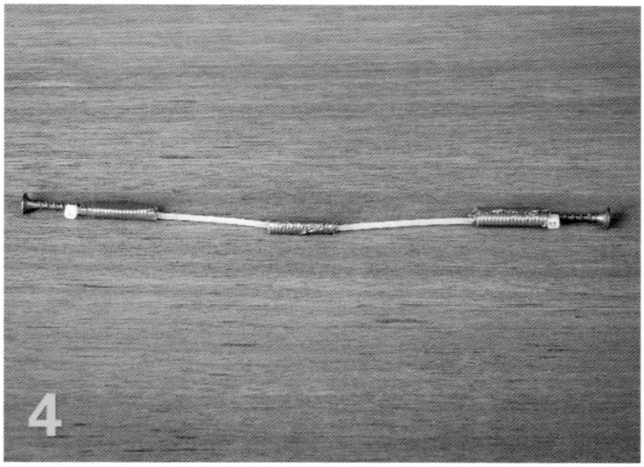

4

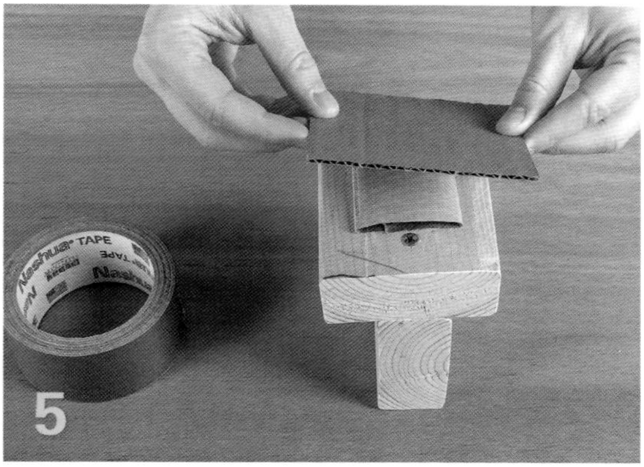

5

5

6

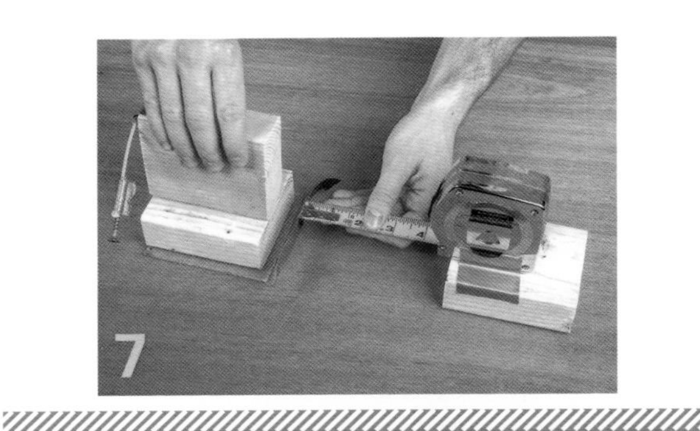

警告！

水和电子产品不能混放在一起，也不能将水和乐器（如钢琴或吉他）混放在一起！请确保你的电子产品远离实验中要用到的水，否则水会造成电子产品短路。我们喜欢把盛有水的玻璃杯放在一个单独的桌子上，远离笔记本电脑、智能手机或者用来调音的键盘。调音时，坐在两张桌子的中间，这样当洒出少量水时，就不会殃及电子产品和其他仪器设备。

步骤7： 把卷尺的末端固定在音槌的基座上。随着音槌基座定位，音槌离开卷尺基座，拉伸卷尺，用胶带将卷尺顶部边缘固定在音槌基座的后方。

可以通过将50毫米×100毫米的基座粘贴到地板上来固定卷尺（事先确保胶带不会在地板上留下痕迹），这样可防止整个音槌与卷尺装置在安装和操作过程中移位；一旦移位，它们不在一条直线上，就不能正确演奏。

玻璃杯调音

机械水木琴可以演奏任何乐曲，然而，每个乐曲都需要恰当地调音和安排玻璃杯的位置。这有点像弹奏钢琴，只演奏你弹的音符。本实验装置是为《Shave and a haircut》而设置的，它是一首令人愉悦的7个音符的乐曲。

这时候，你需要有一架真正的钢琴或电子琴，或某种电子调音器，用于协助调音。我们喜欢使用在线的调音网站和智能手机的调音程序。

别担心，你不需要读懂乐谱就能做这件事。你只需要将玻璃杯装上水，然后用耳朵听听，调整杯子中的水量，让它能击打出正确的音符即可。事实上，对于基础版，只需要4个不同的音符，参见下一页图中所示的钢琴键盘。

演奏《Shave and a haircut》时，你需要将7个玻璃杯调到以下4个音符：

→C（3个杯）　→E（1个杯）
→D（1个杯）　→F（2个杯）

把第1个玻璃杯调整到C，或是调整到键盘或钢琴上的“中央C”。首先将第1个玻璃杯装上大约3/4杯的水，用勺子、铅笔或音槌敲杯子的一侧，使它发出声音。当它发出响声时，可以在调音器或键盘上演奏同样的C音。如果玻璃杯发出的音太高了，加一些水，然后再试一次。如果太低了，取出一些水。重复这个过程——对照发音，改变水位，然后再次发音——直到两个音完全相同。

为了加快调音的速度，我们建议使用一个吸管来添加和取出水。你可以用勺子，但用吸管更快。当对一个音符进行微调的时候，每次添加或取出的水要逐渐减少。

实际上，玻璃杯中的水越多，音调就越低；玻璃杯中的水越少，音调就越高。不过，玻璃杯的大小和形状也会影响到其所产生的音符。如果你有不同形状的玻璃杯，它们将需要不同的水位才能发出同样的音。即使是两个看似相同的玻璃杯所发出的音符也会有所不同。吸管的优势在于你稳定击打玻璃杯使它发出声音的同时，允许你缓慢地增加或减少水量。当你这样做时，你会听到音符在缓慢地变得更低或更高。为一个玻璃杯调好音符后，接着调整所有其他相同音符的玻璃杯，使它们相互匹配，与调音器一样。

标记音符

调整好每个玻璃杯后，在胶带或便利贴上做好音符标记，并将标记贴在玻璃杯上，使胶带或便利贴的顶部对齐水位的确切高度。

首先，需要记录好音符，以便更容易地辨别各个玻璃杯。使用这种方法时，你可以清空玻璃杯并将它们收起来，下次使用时只需按标记加水即可。

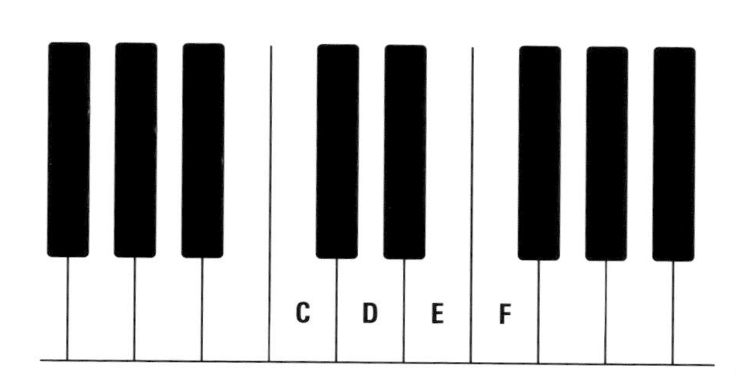

表演《Shave and a haircut》需要的音符

布置好你的木琴

一旦玻璃杯调好了音，按如下顺序将它们排列在桌子上。

F C C D C E F

如果从左到右敲击它们，你应该能听到经典的旋律，然后可以跟着唱：Shave and a haircut——two bits！

如果听起来是正确的，那么就没有必要做更多调整。下面选择一个带有硬地板的长廊或其他大的空间。接下来，把卷尺拉出3660毫米长，锁定它的拉伸端，让卷尺保持延伸状态。这样有助于将它粘在50毫米×100毫米的木块上。将卷尺的基座压在地板上，确保它不会移动。

将装好水的玻璃杯放在卷尺的两侧，如左图所示。如何设置玻璃杯的间隔，也就是如何设置节奏或音符的节拍？除了在最后两个音符之前有个停顿之外，其他的玻璃杯都均匀放置。玻璃杯应该离卷尺足够远，这样音槌上螺钉的头部在木块上滑动时，正好撞击玻璃杯。你可以通过用卷尺测量来将玻璃杯分开一定的距离。将它们彼此分开305毫米放置，并在开始的5个音之后，最后的两个音之前，增加一个610毫米的双倍空间来制造停顿。

当所有的玻璃杯都准备就绪时，释放卷尺，让它收缩，然后听音槌演奏动人的音乐！如果音乐演奏得太快（如果卷尺缩回来太快的话），可以将玻璃杯的间隔调整得更大一些，或者可以用手放慢卷尺缩回的速度。戴上工作手套，在卷尺缩回时，用手指施加一定的压力。工作手套会保护你的手不被缩回的卷尺较尖锐的边缘划破。

如果卷尺的弹性不是很好，而且拉动音槌很缓慢的话，可能需要将卷尺伸展开来，来回拉伸几次使其恢复弹性。如果它的弹性仍然不是很好，那可能是时候该换一个新的卷尺了。

实验：演奏《Twinkle,Twinkle,Little Star》

增加更多的玻璃杯和更多的卷尺后，你可以演奏一首完整的曲子，比如《Twinkle，Twinkle，Little，Star》。这首曲子更复杂，但装置是一样的（使用的都是相同的材料）：你需要4个卷尺和21个玻璃杯。

《Twinkle,Twinkle,Little Star》一共有42个音，但像大多数歌曲那样，它重复了几组音。这种重复意味着如果想演奏整首曲子，只需要21个玻璃杯，而不是42个玻璃杯，一个杯子为一个单独的音。在这种设置中，音槌将击打每个玻璃杯两次来构成整首曲子。

这首乐曲从下面14个音的这组序列开始。

Twin-kle,twin-kle,lit-tle star.（暂停）

How I won-der what you are.

C C G G A A G（暂停）F F E E D D C

下一部分由7个不同的音符组成，然后紧接着重复。

Way a-bove the world so high

G G F F E E D

Like a dia-mond in the sky

G G F F E E D

接着这首乐曲通过重复和一开始相同的14个音结束。

Twin-kle,twin-kle,lit-tle star.（暂停）

How I won-der what you are.

C C G G A A G（暂停）F F E E D D C

这就是为什么需要4个音槌：两个音槌来演奏第1个乐句两次——一次在歌曲的开头，一次在歌曲的结尾；而另外两个音槌将演奏两次歌曲中间部分的7个音符。

下面是具体的操作步骤。

步骤1： 组建4个音槌（卷尺槌），像“Shave and a haircut”实验中所描述的一样。如果你已经做了一个，那么还需要3个。

步骤2： 为21个玻璃杯调音，像“玻璃杯调音”中所描述的。这首乐曲需要以下几个音：

→A（2杯） →D（3杯） →F（4杯）

→C（3杯） →E（4杯） →G（5杯）

步骤3： 将21个玻璃杯和4个卷尺按如下方式摆放。

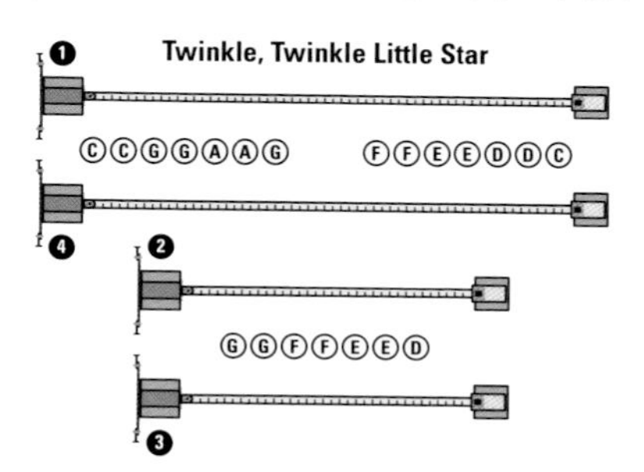

为了用相同的杯子演奏相同的乐句两次，安排那一乐句的玻璃杯单独成一行，并将卷尺放在玻璃杯的两侧。为了演奏乐句两次，将第1个卷尺（在一侧的）先缩回来，然后缩回第2个卷尺（在另一侧的）。

步骤4： 演奏开始！释放1号卷尺（“Twinkle, twinkle, little star. How I wonder what you are.”），接着释放2号卷尺（“Up above the world so high.”），然后释放3号卷尺，演奏和2号相同的音（“Like a diamond in the sky.”）。最后，释放4号卷尺，演奏和1号卷尺相同的音（“Twinkle,twinkle,little star. How I wonder what you are.”）。

更上一层楼：演奏更多的乐曲

有了足够的玻璃杯和音槌（以及足够的空间），没有一首乐曲不能演奏。当遇到更复杂的乐曲时，机械水木琴的装置也会更复杂，但是它在音乐上是非常明确的：你可以从每个玻璃杯上得到一个音，而且每一行的玻璃杯能够被演奏两次。

为了得到真正的低音或高音，你可能需要使用不同大小的玻璃杯，而且你还能得知从玻璃杯中能发出哪个范围的音符。

如果你想做得非常棒，那么试着用一点和声来演奏一首曲子。每个卷尺有两个槌固定在上面，将两个和谐调音的玻璃杯放在卷尺两侧完全相同的位置，于是音槌将同时击打两个杯子。接着，调整玻璃杯的间距来产生切分音的节奏。总之，机械水木琴可以让你演奏非常复杂的乐曲。

为了增加点花样，你可以制作第5个卷尺，用7个以上的杯子，并用《Shave and a haircut》作为副歌结束整首曲子。你一定能得到听众们的掌声！

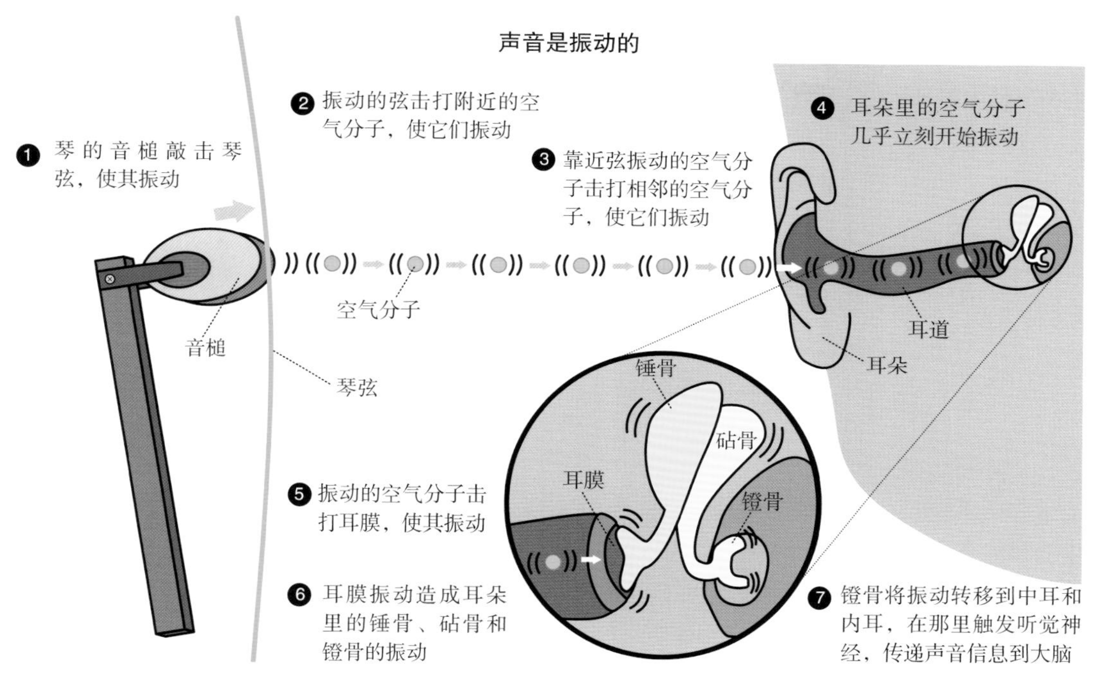

声音是由波组成的，波是看不见的。这些看不见的波可以穿过空气、水、金属、塑料或其他任何物质。尽管看不到它们，但我们可以听到它们发出的声音，而且当它们是低频且功率足够强的时候，我们可以感觉到它们。

要想了解声音，你需要先了解波，有大量可见波的例子可以帮助我们看明白那些看不见的声波在干什么，比如水的波。

波是能量从一个地方传递到另一个地方的一种方式。一个显著的例子是，海洋中发生地震时就会产生巨大的波浪或海啸。地震的能量可以在海水中传递，这种能量波可以传送数千千米，直到某物让它停止，如陆地。例如，2004年印度洋地震发生在印度尼西亚苏门答腊岛以北的海底，产生的海啸造成了世界各地的沿海洪水和人员伤亡，包括遥远的索马里，它离地震发生的地方超过6500千米。

如果你将手指戳入一个装满水的水槽，你的手指会扰动水，发射一些小脉冲的辐射。

被扰动的水会发生以下情况：被扰动的水冲入周围的水中，推动周围的水，接着再推动更大范围的水，以此类推。在水里，我们可以看到能量的传递体现在波上，能量波在水中移动，将水位推高，并且将波浪留在后面，而剩余的能量则继续保持向前传递。

声波

声音也是一种波。在这个例子中，它是空气振

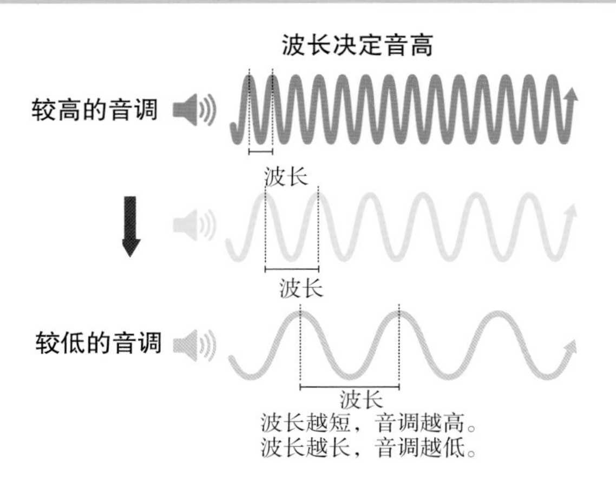

动的结果。当你按下钢琴上的一个键，键会使毛毡槌击打绷紧的金属丝。当金属丝振动时，它会引起周围空气的振动，产生声音，一个特殊的音。

当钢琴的金属丝来回振动时，它会猛烈击打周围的空气分子；那些被击打的空气分子猛烈击打它们周围的空气分子，以此类推，在空气中产生了一种波，就像在水中产生的波一样。当波最后到达你耳膜附近的空气分子时，那些振动的分子会使你的

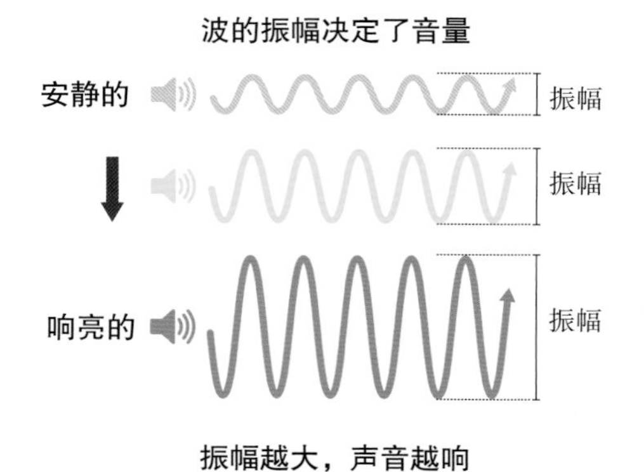

耳膜振动，这就是你能听到钢琴声的原因。

钢琴上的每根金属丝都经过了设计和调整，每一根金属丝产生一个不同的振动。振动较快的金属丝产出的音调听起来像高音，振动较慢的金属丝发出的音调听起来像低音。

波在两个方面有所变化：波的速度称为频率，而波的高度被称为振幅。波动越快，频率越高，音调越高；波动越慢，频率越低，音调越低。

声波的振幅（或高度）决定了声波的响度。振幅较大的波，声音比较响亮；振幅较小的波，声音会变得柔和。这些特性不同的组合产生了我们听到的各种声音。

为机械水木琴调整玻璃杯中的水，我们发现一个规律。一个物体的大小或重量影响了它振动的速度。如果看看钢琴的琴弦，你会注意到最粗的弦会产生最低的音，而最细的弦会产生最高的音。琴弦的张力也影响它们的音调，但如果各个琴弦的张力是相等的，那么粗弦会一直缓慢地振动，并产生较低的音。

在这个实验中，我们通过改变每个玻璃杯中的水量来控制振动的速度和音调。当你击打一个装满水的玻璃杯时，水和杯子一起振动，这种振动最终产生了音符。玻璃杯中的水越多，重量越大，它们振动越缓慢，音调越低。当你去掉一些水，减少了重量，振动将变快，音调变高。

致谢

在写作本书的过程中我们得到了许多人的帮助、鼓励和建议。在此，我们要特别感谢史蒂芬的兄弟约翰·沃尔特兹，他启动了这个项目，并且几乎独自进行了本书从设想到出版计划以及与合适出版社的面对面会谈等一系列工作，而这些工作在几周之内就完成了。

在实验室里，我们的EepyBird实验团队是不可或缺的。迈克尔·米勒、肖恩·米勒、科林·米勒、亚伦德·威特、凯西·特纳以及布莱恩·米勒帮助我们进行研究、制作和现场试验。他们激励我们，让我们笑声不断；他们努力工作，促使我们不断进步。

感谢我们的EepyBird摄影团队，他们拿着摄影机忙前忙后。他们是迈克、肖恩、科林以及克里斯汀·菲利普斯。

特别感谢以下几位。

艾米丽·海恩斯，我们的Chronicle出版社的编辑。他审核了出版计划，使本书最终成形，并自始至终跟踪本书的出版。

杰夫·坎贝尔，我们非常好的文字编辑，他提出了许多非常有价值的建议，以改进手稿的最终版本。

项目经理凯特·威尔斯基、美术经理尼尔·伊根、设计经理艾莉萨·法登、插图画家希拉里·考德尔帮助我们将手稿、照片、草图等转化为精美的书籍。

斯蒂芬妮·基普·罗斯坦，我们的经纪人，他给予我们很好的指导。

也要感谢威廉·贝蒂，帮助我们了解气垫船制作的历史和成核作用的科学原理。

当然还要感谢茱莉娅·博勒顿、查尔斯和伊丽莎白·格罗比，他们给予了我们许多建议、支持和鼓励。